普通高等教育"十一五"国家级规划教材配套参考书

大学计算机实验指导及习题解答 第5版

○ 主　编　曹成志　宋长龙

○ 副主编　张玉春　黄　玥　徐晓光

○ 参　编　邹　密　刘　威

中国教育出版传媒集团

高等教育出版社·北京

内容提要

　　本书由吉林省高等学校优秀教学团队的骨干教师编写，是《大学计算机》（第 5 版）（高等教育出版社，曹成志、宋长龙主编）的配套教材。

　　本书主要内容包括微型计算机系统维护及应用、演示文稿案例设计、排版技术应用案例设计、数据统计分析及报表案例设计、Python 应用程序案例设计、计算机网络与信息安全技术应用案例、算法及程序案例设计、数据库技术应用案例设计和多媒体技术应用案例设计 9 个单元，每个单元都蕴含思政教育元素。书中包含 50 多个实验案例，分为验证性实验、设计性实验和创新性实验三种类型。每个实验案例都有实验目的、实验要求、预备知识、注意事项、实验步骤和思考题，附录配有《大学计算机》（第 5 版）的习题答案。

　　本书可作为高等学校"大学计算机"课程的配套实验教材，也可作为计算机技术应用技能培训、岗前培训、自主学习的参考书。

图书在版编目（ＣＩＰ）数据

大学计算机实验指导及习题解答 / 曹成志，宋长龙主编；张玉春，黄玥，徐晓光副主编；邹密，刘威参编. --5 版. --北京：高等教育出版社，2023.9（2024.5 重印）
 ISBN 978-7-04-061038-3

Ⅰ. ①大… Ⅱ. ①曹… ②宋… ③张… ④黄… ⑤徐… ⑥邹… ⑦刘… Ⅲ. ①电子计算机–高等学校–教学参考资料 Ⅳ. ①TP3

中国国家版本馆 CIP 数据核字（2023）第 156531 号

Daxue Jisuanji Shiyan Zhidao ji Xiti Jieda

| 策划编辑　唐德凯 | 责任编辑　唐德凯 | 封面设计　张申申　易斯翔 | 版式设计　徐艳妮 |
| 责任绘图　马天驰 | 责任校对　王　雨 | 责任印制　刘思涵 | |

出版发行	高等教育出版社	网　　址	http://www.hep.edu.cn
社　　址	北京市西城区德外大街 4 号		http://www.hep.com.cn
邮政编码	100120	网上订购	http://www.hepmall.com.cn
印　　刷	高教社（天津）印务有限公司		http://www.hepmall.com
开　　本	787 mm×1092 mm　1/16		http://www.hepmall.cn
印　　张	12	版　　次	2008 年 3 月第 1 版
字　　数	290 千字		2023 年 9 月第 5 版
购书热线	010-58581118	印　　次	2024 年 5 月第 2 次印刷
咨询电话	400-810-0598	定　　价	25.60 元

前　言

本书以计算机技术的各种应用案例为基础，融合课程思政及"二十大精神"元素，以培养计算机应用技术的爱国工匠为宗旨，对学生的计算机应用技能进行系统的综合训练，以使学生尽快掌握计算机技术及其应用技巧，提高计算机技术的综合应用能力，为培养未来"大国工匠"奠定基础。

本书的编写目标是培养学生的计算思维、逻辑思维，以及用计算机分析、解决现实问题的能力，突破现有技术手段（软件），提升学生的计算机应用水平，扩大计算机的应用领域和深度，增强各学科的综合创新能力。

在当今时代，从事大学计算机基础课程教学的教师有责任和义务接受挑战，抓住机遇。作者团队多次组织对已有教材和近年来的教学改革成果进行认真总结、分析、归纳和提炼，按照大学计算机基础课程改革的精神实质，以面向案例、任务和问题求解的教学思想为主线，重新整理、规划和充实教学内容、知识点和技能点，力求保证教材内容的时代性、先进性。

"大学计算机"课程改革是当前计算机基础教学改革的重中之重，实验教学作为"大学计算机"课程的实践演练、培养学生工匠精神的重要环节，是课程改革成果有效实施和"落地"的重要手段之一。本书将转变传统的教学理念，实现以"任务、案例、问题求解和计算机应用"为目标，以设计性和创新性实验为主体，通过完成"任务"掌握软件的功能和操作方法，实现"问题求解"，提高学生自主学习的积极性，最终培养学生的计算机综合应用和创新能力，为学生未来在更广阔空间中利用计算机技术解决专业领域的问题奠定坚实基础。

本书由曹成志、宋长龙任主编并统稿，具体编写分工如下所示。

作　者	内　容
徐晓光	第 1 章 微型计算机系统维护及应用
黄　玥	第 2 章 演示文稿案例设计
曹成志	第 3 章 排版技术应用案例设计
黄　玥	第 4 章 数据统计分析及报表案例设计
邹　密	第 5 章 Python 应用程序案例设计
张玉春	第 6 章 算法及程序案例设计
宋长龙	第 7 章 数据库技术应用案例设计
刘　威	第 8 章 多媒体技术应用案例设计

本书在编写过程中，得到吉林大学和闽南理工学院的大力支持和帮助，同时有许多教师和学生提出了宝贵的改进建议，在此对他们表示衷心的感谢。书中实验使用的实验素材可扫描下方二维码下载。

由于作者水平有限，书中难免存在疏漏或不妥之处，敬请广大读者和同行提出宝贵意见。

作　者

2023 年 5 月

目　录

第1章
微型计算机系统维护及应用

1.1 安装微型计算机硬件

一、实验目的

学习微型计算机的硬件基本构成，了解各类部件的位置和插接方法，掌握组装和维修微型计算机硬件的基本操作过程和方法，能够正确处理微型计算机硬件的常见故障。

二、实验要求

（1）在微型计算机的主板上找到相关部件的插槽位置，将 CPU（central processing unit，中央处理器）、内存条、显示卡和网卡安装在对应的插槽中。

（2）将硬盘、光盘驱动器的数据线插接到主板的正确位置。

（3）在微型计算机的主机箱上找到相关设备的接口位置，连接常用设备，例如键盘、鼠标、显示器、打印机等，使微型计算机系统能正常启动及运行。

三、预备知识

微型计算机机箱内主要是主板，有些部件焊接在主板上，如控制芯片组、BIOS（basic input output system，基本输入输出系统）芯片等，这些部件通常同主板构成一个整体；另一些部件插接到主板的相关插槽中，可以单独购买或更换。

在连接机箱外的某些设备或其他计算机之前，需要首先在主板上插接对应的电路板（部件或卡），然后通过对应接口连接相关的设备或其他计算机。典型部件和设备如图 1-1-1～图 1-1-14 所示。

四、注意事项

（1）除热插拔设备（如插接 USB 的设备）外，在拆卸或安装计算机硬件设备前，应该先关闭计算机电源，避免损伤设备。

图 1-1-1　中央处理器（CPU）

图 1-1-2　CPU 散热器风扇

图 1-1-3　内存条

图 1-1-4　微型计算机电源

图 1-1-5　SATA 接口硬盘数据线

图 1-1-6　微型计算机主板

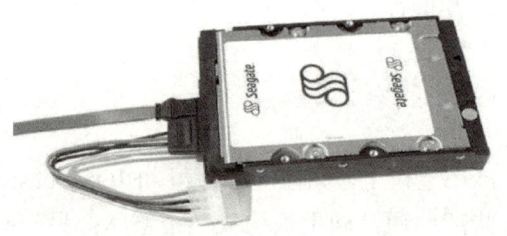

图 1-1-7　SATA 接口硬盘

图 1-1-8　M2 固态硬盘

图 1-1-9　显示器

图 1-1-10　显示卡

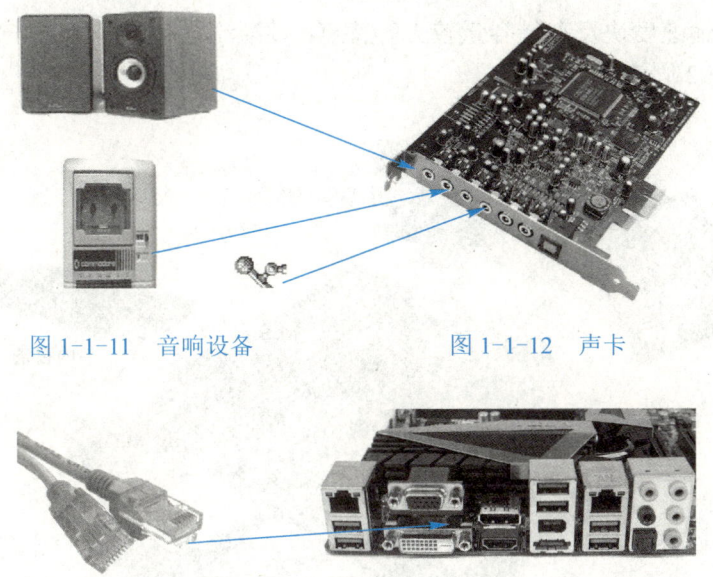

图 1-1-11 音响设备　　　　　　　　　　图 1-1-12 声卡

图 1-1-13 双绞线及 RJ-45 接头　　图 1-1-14 外部设备接口面板

（2）在拆卸主板上的部件（如 CPU、内存条等）时，应该先打开卡扣，再拆卸，不要强行拉拽，以防破坏部件。在安装部件时，要用力插牢，以避免虚接。

（3）清理各种部件上的灰尘和污垢时，切忌用水冲洗或用湿布擦拭，可用干毛刷、棉布和橡皮擦拭。

（4）各种部件安装完毕，在合上主机箱之前，要检查是否遗留多余物，特别是螺钉、导线等。

五、实验步骤

1. 安装主机箱内的常见部件

主机箱内主要部件的安装位置如图 1-1-15 所示。各部件按下列步骤安装。

（1）使 CPU 与 CPU 插座的指示方向一致，将 CPU 安装到主板的 CPU 插座上，按下 CPU 插座上的控制杆将其固定。在 CPU 上面涂抹导热硅胶，再安装散热器，并将风扇的电源线插到主板的插座上。

（2）使内存条与内存插槽的指示方向一致，内存条的缺口与内存插槽内的凸起部分相对应，将内存条压入插槽并固定。

（3）在 PCI-E 或 AGP 插槽中插接显示卡。

随着技术的发展，主板上通常都整合了网卡、声卡等部件，所以无须安装相关的板卡，就可以使用相应的功能。

2. 安装外部存储器设备

现在主板上常见的硬盘接口类型为 SATA 接口。主板上一般会有多个 SATA 接口插座，可以根据需要安装多个硬盘，以增加计算机的存储容量。主板上还会有 M.2 接口，M.2 固态硬盘由于体积小巧、传输速度快及存储容量较大等特点，逐渐流行起来。图 1-1-16 所示为微型计算机主板上安装的 M.2 固态硬盘。

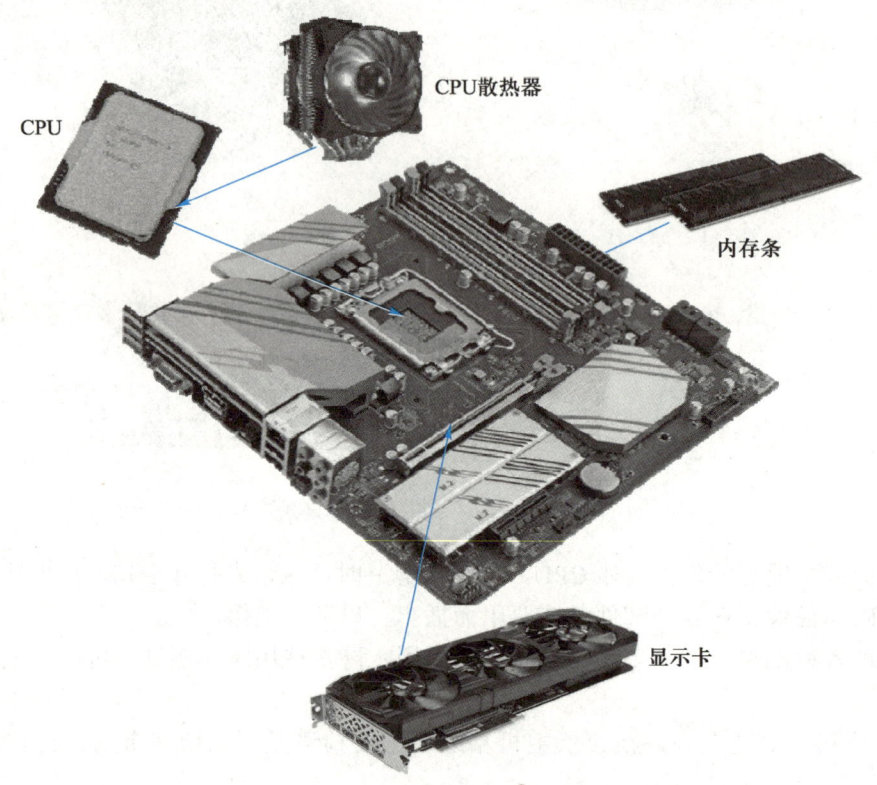

图 1-1-15　微型计算机主板及主要部件的安装

图 1-1-16　微型计算机主板上安装的 M.2 固态硬盘

3．安装外部设备

微型计算机系统中常用的外部设备有键盘、鼠标、显示器和打印机等，每种设备一般都通过专用接口与主机箱相连。目前，这些设备也可以通过 USB 接口与主机箱相连，当主机箱上的 USB 接口不够用时，还可以通过 USB 集线器扩充 USB 接口的数量。

准备好各类设备和数据线，按如图 1-1-17 所示连接相关的外部设备。

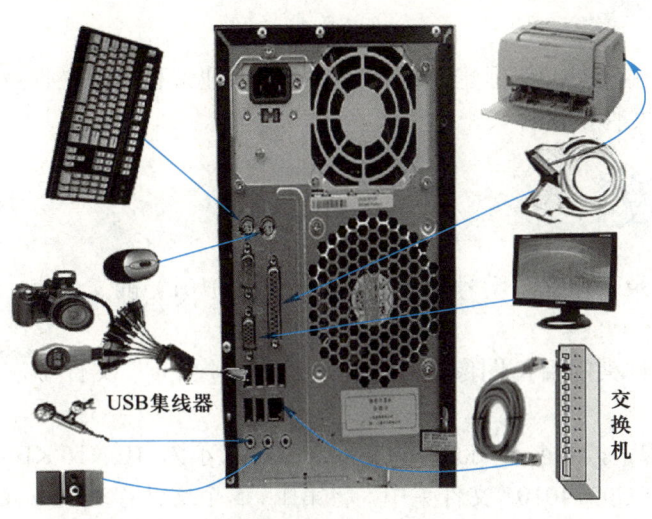

图 1-1-17　微型计算机外部设备连接示意图

4．安装 Windows 10 操作系统

硬件组装好后，就可以安装操作系统了。目前微型计算机适合安装 Windows 10 操作系统。登录微软官方网站下载 Windows 10 系统的写入工具，以 "Media Creation Tool+版本号.exe" 文件的形式保存到 U 盘。安装操作首先要进入 CMOS 系统设置程序，调整开机启动盘顺序，以 U 盘为第一启动顺序；重启系统之后，启动安装工具进行自主操作系统安装，无须人为控制和管理；当系统文件安装完毕，可以拔出 U 盘重新启动计算机，同时进入 CMOS 系统设置程序，将启动顺序调整为安装系统的硬盘；启动后进入 Windows 10 操作系统的桌面，就表示操作系统安装完成。

六、思考题

（1）在使用计算机的过程中，图 1-1-17 中的哪些设备可以经常进行热插拔？对哪些设备进行热插拔可能破坏计算机硬件？

（2）在使用过的计算机系统中，哪些设备可通过 USB 接口连接到主机箱上？连接到 USB 接口的设备有哪些特点？

（3）拆卸各种部件时应该注意哪些问题？如何清理主机箱内各种部件上的灰尘和污垢？

（4）启动微型计算机系统的过程中，有时系统发出警告响铃而无法启动，最常见的硬件故障可能涉及哪些部件和设备？

1.2　管理文件和文件夹

一、实验目的

学习管理文件及文件夹，掌握建立、复制、移动、搜索和删除文件及文件夹的基本方法，学会使用"库"管理文件及文件夹。

二、实验要求

（1）在 E 盘根目录下建立以学号为名字（如 U99140101）的文件夹，新建并保存"实验文本.txt"文件。

（2）抓取学号文件夹的窗口图像，保存到"实验映像.jpg"文件中，该文件保存到学号文件夹下。

（3）在 E 盘中搜索扩展名为 docx 的文件（文件大小为 10～16 KB），将搜索结果中的第 2～4 个文件复制到 E:\U99140101 文件夹中，将第 1、5 个文件移动到 E:\U99140101 文件夹中。

（4）搜索 C 盘中扩展名为 tmp 的文件，并将找到的文件全部删除。

（5）建立"实验资料"库，将 U99140101 文件夹添加到"实验资料"库中。

三、预备知识

1．桌面上的控件

在操作系统初次安装完成时，Windows 10 的桌面非常简洁，只有很少的图标，如"回收站"等，随着不断地使用，可以增加"此电脑""Word 2019"等各种应用程序及文件的图标，一般 Windows 10 的桌面包括任务栏、"开始"按钮、搜索框、系统通知栏、各种软件和文档的图标。

（1）"开始"按钮："开始"按钮一般在桌面底部任务栏的左侧。单击"开始"按钮，将打开开始屏幕，如图 1-2-1 所示。其中包括开始主菜单、应用程序表、磁贴区、搜索框、系统功能列表和"关机"选项。

（2）"电源"选项：负责控制计算机的通电与断电。单击"电源"选项，展开相应的子菜单，其中包括睡眠、关机、重启三个选项，如图 1-2-2 所示。

（3）任务栏：一般位于桌面的底部，用于显示运行的应用程序图标。右击某个图标可以打开跳转列表，切换操作对象。

（4）"此电脑"图标：双击"此电脑"图标，打开"此电脑"窗口，如图 1-2-3 所示。"此电脑"窗口主要用于组织、管理、查看和使用计算机中的各类资源（如各种外存储器和控制面板等）。

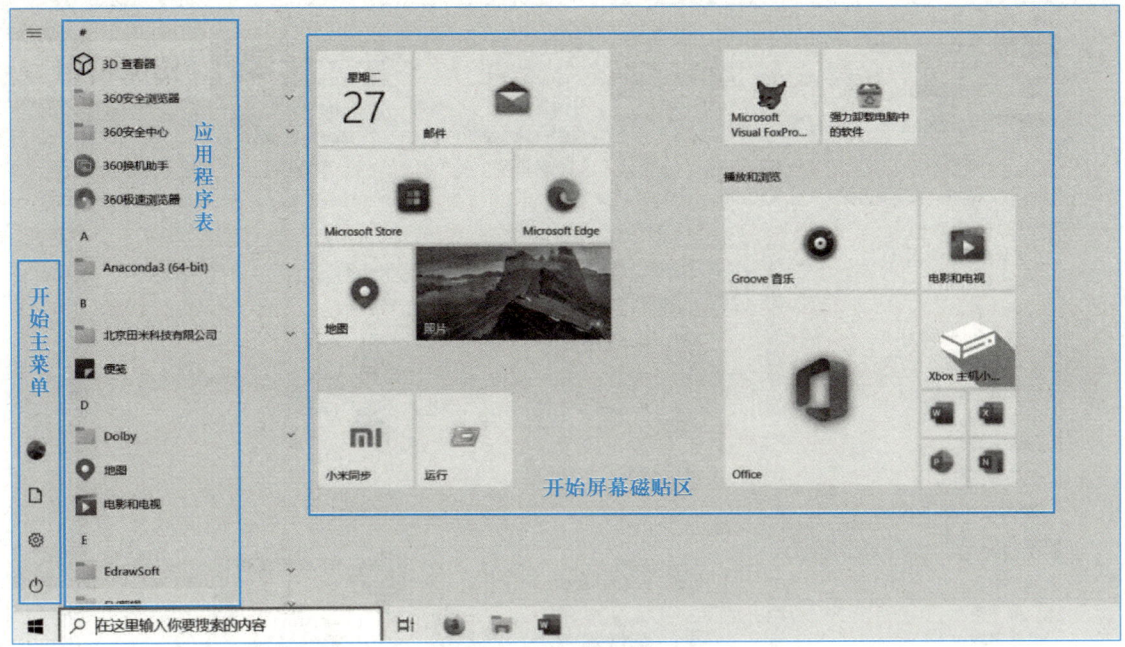

图 1-2-1 开始屏幕

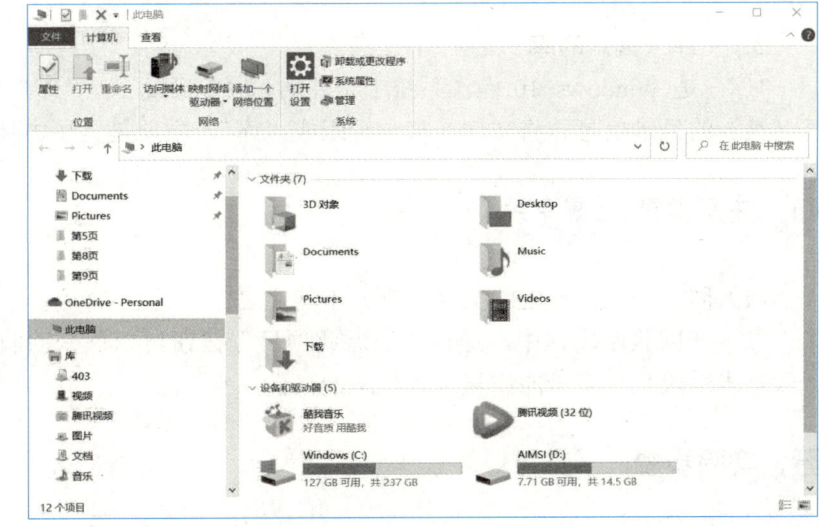

图 1-2-2 电源选项　　　　　　　图 1-2-3 "此电脑"窗口

（5）回收站：用于存储被临时删除的文件（夹），可以还原或永久删除其中的对象。

2. 文件（夹）的选定

单击可选定一个文件（夹）；拖动鼠标选择文件（夹）以及按住 Shift 或 Ctrl 键再单击文件（夹），可选定多个文件（夹）。此外，还可以使用复选框选定文件（夹）。设置是否使用文件复选框的方法是：在"此电脑"窗口中，选择"查看"标签→"显示/隐藏"栏的"项目复选框"选项，便可以通过复选框选定文件（夹）。如图 1-2-4 所示。

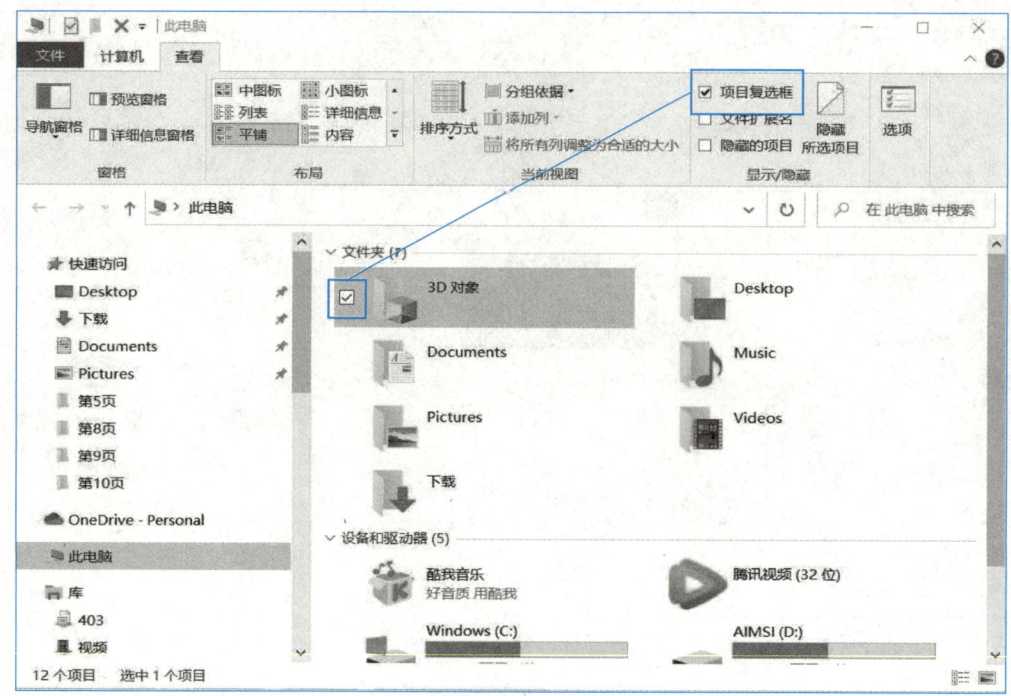

图 1-2-4　使用"项目复选框"选定文件

3. 文件（夹）的库

"库"是 Windows 10 操作系统中文件的一种组织方式。"库"并不存储文件，仅存储各文件（夹）的目录信息。将文件（夹）组织成"库"，主要是为了方便文件（夹）的管理和使用。

四、注意事项

（1）同一个文件夹中的文件（夹）不能重名。

（2）在回收站窗口中，通过"还原此项目"按钮可以恢复回收站中的文件（夹），但通过一般技术手段几乎不可能恢复永久删除的文件（夹）。

五、实验步骤

1. 新建文件（夹）

（1）双击桌面上的"此电脑"图标，打开"此电脑"窗口，选择进入"磁盘（E:）"；单击"主页"标签，单击"新建"栏的"新建文件夹"按钮，输入文件夹名 U99140101，如图 1-2-5 所示。

（2）双击 U99140101 文件夹，在右侧窗格的空白区域右击，在弹出的快捷菜单中选择"新建"→"文本文档"选项，输入文件名"实验文本"。

（3）双击"实验文本.txt"，在打开的记事本程序中输入相关的内容（如预备知识中的"桌面上的控件"一节的文字），保存文件并关闭记事本程序。

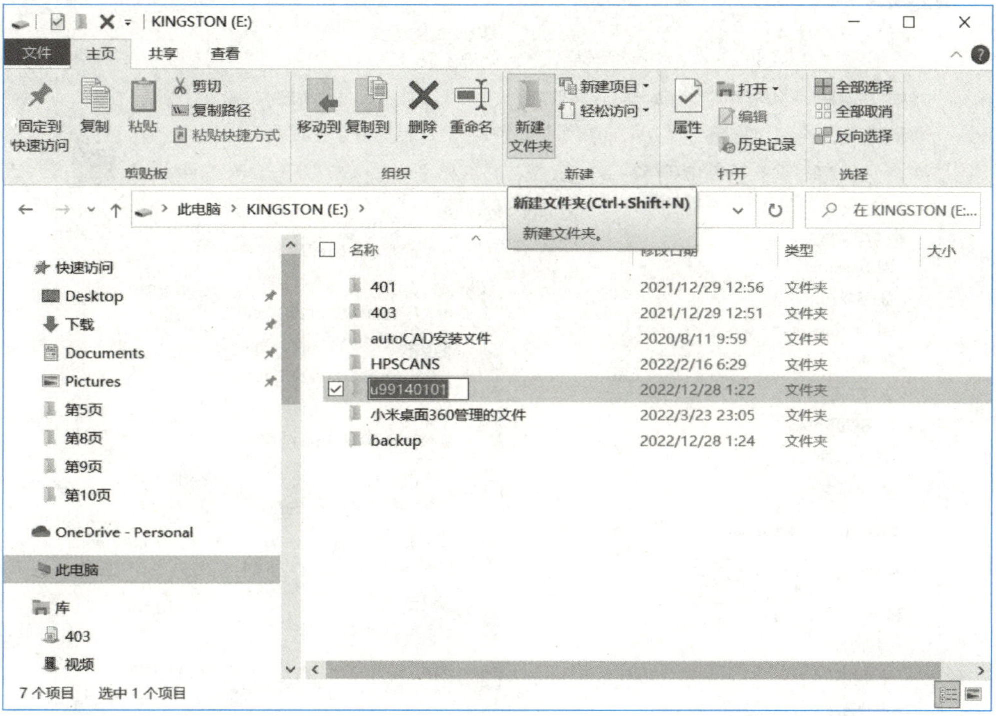

图 1-2-5　新建文件夹

2．抓取图像

（1）打开 U99140101 文件夹，按 Alt+Print Screen 组合键，将 U99140101 文件夹窗口作为图像复制到剪贴板中。

（2）单击"开始"，在应用程序列表中选择"Windows 附件"→"画图"，运行画图软件。

（3）在画图软件的"主页"选项卡中单击"粘贴"按钮，将剪贴板中的图像粘贴到文件中。

（4）单击"画图"窗口中的"文件"→"另存为"选项，单击右侧的 JPEG 子命令，在弹出的"保存为"对话框中，选择保存位置为 U99140101 文件夹，设置"文件名"为"实验映像"，保存类型为 JPEG，单击"保存"按钮。

3．搜索和复制文件

（1）在"此电脑"窗口中，选定"本地磁盘（E:）"，在搜索框中输入"*.docx"，将"优化"栏的"大小"选项设置为"极小（0-16KB）"，搜索结果窗口如图 1-2-6 所示。

（2）选中搜索结果中的第 2 个文件，按住 Shift 键并单击第 4 个文件，再选择"主页"标签的剪贴板栏，单击"复制"选项。

（3）在"此电脑"窗口中，打开 U99140101 文件夹，选择"主页"标签的剪贴板栏，单击"粘贴"选项，完成文件复制。

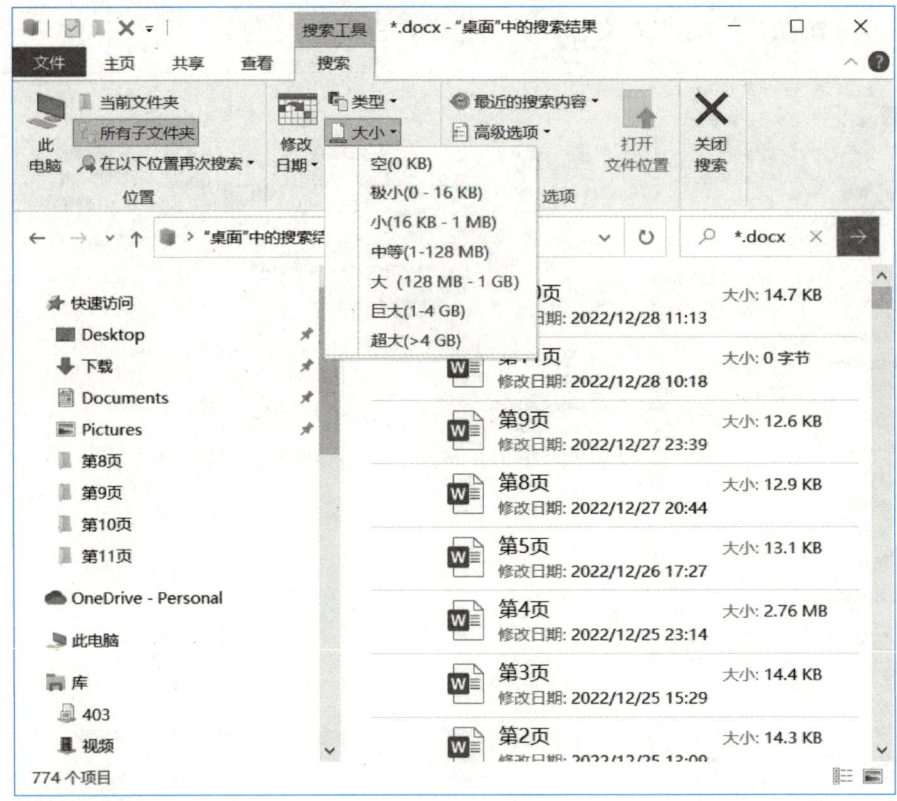

图 1-2-6　搜索结果窗口

（4）在搜索结果窗口中，选中第 1 个文件，按住 Ctrl 键并单击第 5 个文件，再选择"主页"标签的剪贴板栏，单击"剪切"选项。

（5）在 U99140101 文件夹中，选择"主页"标签的剪贴板栏，单击"粘贴"选项，实现文件移动。

4．删除扩展名为 tmp 的文件

（1）在"此电脑"窗口中，选中"计算机"标签，在搜索框中输入".tmp"。

（2）在搜索结果窗口中，选择"主页"标签的"选择"栏，单击"全部选择"选项，选中全部文件。

（3）选择"主页"标签的"组织"栏，单击"删除"选项，将搜索到的文件放入回收站。如果按住 Shift 键并选择"组织"栏的"删除"选项，在弹出的"删除文件"对话框中单击"是"按钮，可以永久删除文件。

5．建立"库"和添加到"库"

（1）在"此电脑"窗口的左窗格中选中"库"；再选择"主页"标签的"新建"栏，单击"新建项目"按钮并选择"库"选项；输入库名称"实验资料"，便建立了"实验资料"库。

（2）右击 U99140101 文件夹，在弹出的快捷菜单中选择"包含到库中"命令，再单击"实验资料"选项，将 U99140101 文件夹添加到"实验资料"库中，如图 1-2-7 所示。

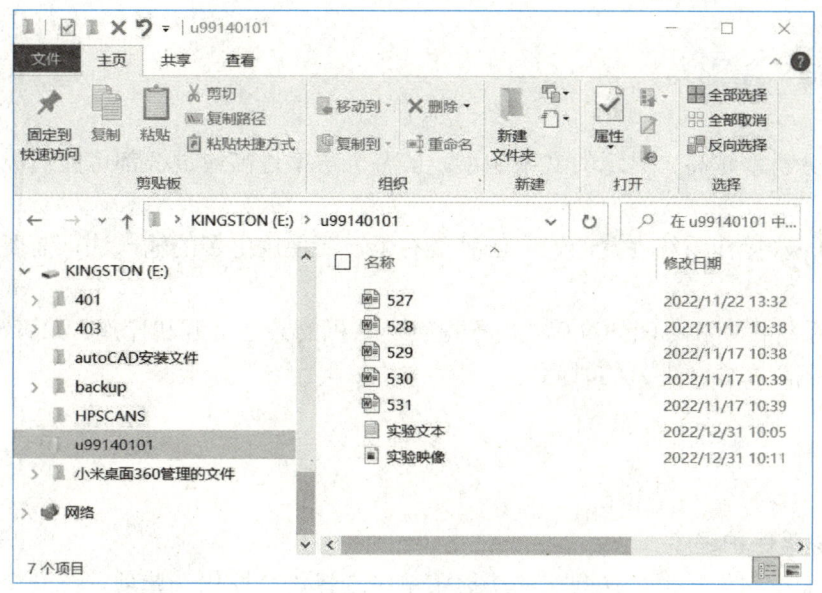

图1-2-7　"实验资料"库

六、思考题

（1）如何将来自不同文件夹的文件有效、统一地进行管理？
（2）将文件从一个磁盘复制到另一个磁盘有哪些操作方法？
（3）通过什么方法可以将某类文件（如 docx 或 bak）收集到一个文件夹中或一次性删除？

1.3　设置系统属性

一、实验目的

通过实验操作，学习系统基本参数的调整，掌握系统日期与时间、输入法、屏幕保护和分辨率的设置方法。

二、实验要求

（1）设置 Windows 操作系统的屏幕保护为三维文字效果。
（2）根据操作需要，调整屏幕分辨率为 1 280×768 像素。
（3）调整系统日期和时间，使之与北京时间一致。
（4）设置"微软拼音-新体验 2010"为默认输入语言，并使语言栏悬浮于桌面上。

三、注意事项

（1）屏幕分辨率越高，显示的文字越小。屏幕分辨率过高或过低都可能造成眼睛疲劳，因此应适当调整。

（2）Windows 操作系统内置的输入法种类有限，要使用更多的输入法，需要另行安装对应的输入法软件。

（3）确保系统日期和时间的准确，便于检查计算机的某些资源和操作，如病毒库更新时间，建立、修改和删除文件（夹）的时间等。

四、实验步骤

1．设置屏幕保护程序

（1）在桌面空白处右击，在弹出的快捷菜单中选择"个性化"选项，打开个性化"设置"窗口；单击左侧窗格中的"锁屏界面"选项→"屏幕保护程序设置"选项，打开"屏幕保护程序设置"对话框。

（2）在"屏幕保护程序设置"对话框（图 1-3-1）中，从"屏幕保护程序"下拉列表框中选择"3D 文字"选项，单击"设置"按钮，打开"三维文字设置"对话框，在"自定义文字"对话框中输入"大学计算机实验"，单击"选择字体"按钮，在弹出的"字体"对话框中选择字体为宋体，移动大小滑块，调整文字的大小，单击"确定"按钮。

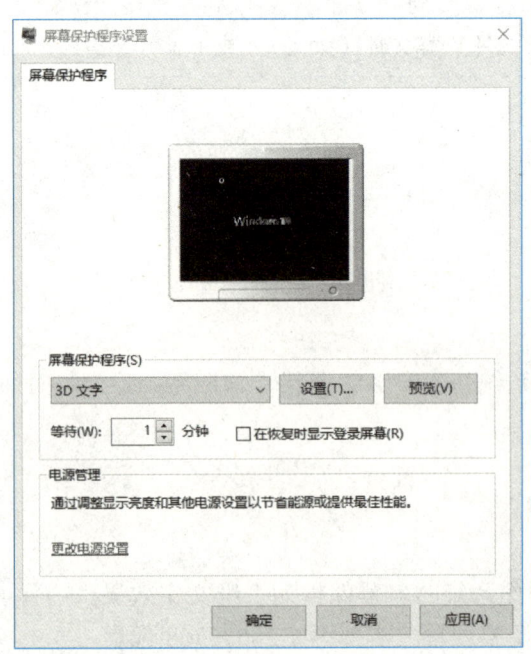

图 1-3-1　"屏幕保护程序设置"对话框

（3）在"屏幕保护程序设置"对话框的"等待"数值框中输入"5"，单击"确定"按钮，启用屏幕保护程序。

2. 更改显示器的分辨率

（1）在桌面空白处右击，在弹出的快捷菜单中选择"显示设置"选项。

（2）在打开的"设置"窗口的右窗格中选择并设置"显示器分辨率"。在"设置"窗口的左侧选择"屏幕"选项。在"显示器分辨率"下拉列表框中，选择 1280×768，单击"保留更改"按钮，完成设置，如图 1-3-2 所示。

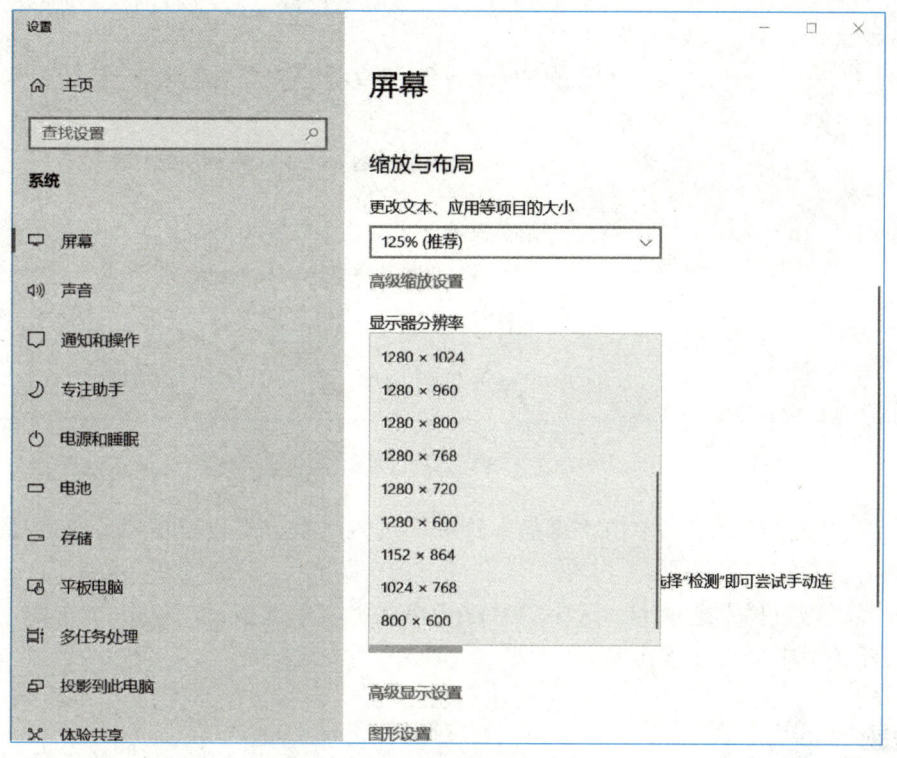

图 1-3-2 设置屏幕分辨率

3. 日期和时间的设置

（1）右击任务栏的时钟指示器，在弹出的菜单中选择"调整日期/时间"，打开"日期和时间"设置窗口。

（2）单击"日期和时间"窗口"时区"选项的下拉按钮，在列表中选择正确的时区，系统将自动调整时间。如果关闭"自动设置时间"和"自动设置时区"的开关，可以手动设置日期和时间。单击"手动设置日期和时间"选项的"更改"按钮，进入更改日期和时间对话框；在"日期"和"时间"的下拉列表中输入日期时间，然后单击"更改"按钮，即可手动更改日期和时间。

4. 输入法的设置

（1）在任务栏上，单击"语言输入法"图标，在弹出的菜单中选择"语言首选项"；打开语言设置窗口，如图 1-3-3 所示。

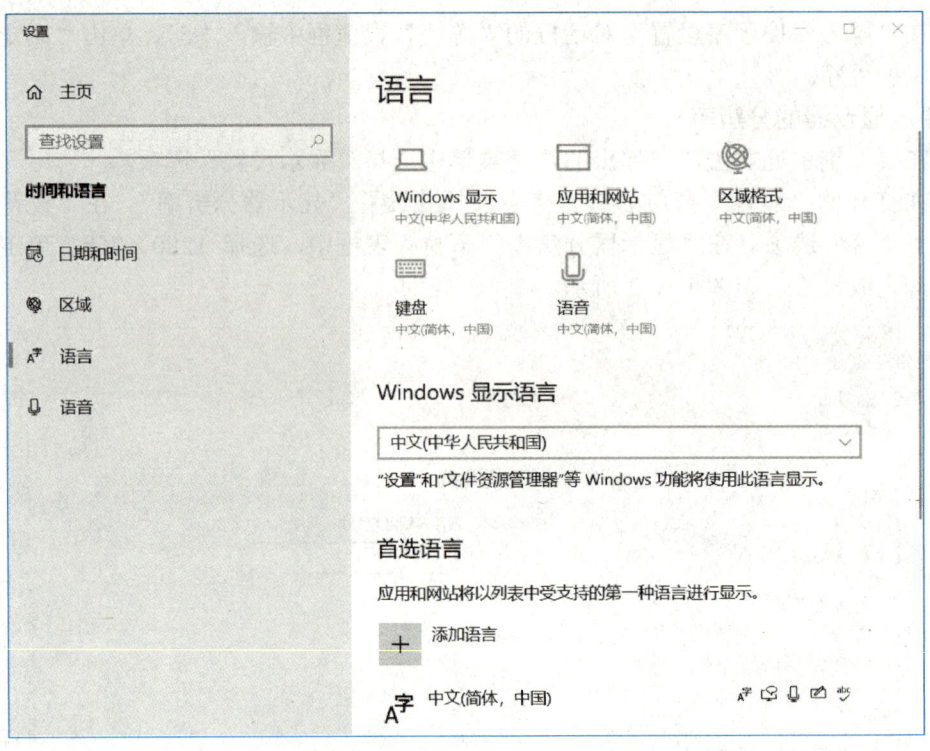

图 1-3-3 语言设置窗口

（2）在语言设置窗口中，单击"键盘"选项，进入"键盘"设置窗口，在此窗口中可以调整输入法和语言栏的相关设置。

（3）选择"语言栏"选项卡，选中"悬浮于桌面上"单选按钮，单击"确定"按钮，可以将语言栏从任务栏中分离出来。

五、思考题

（1）如何将桌面背景设置为某个图片文件并平铺显示？

（2）如何添加更多的输入法？输入法是否越多越好？如何切换输入法？

1.4 安装和卸载应用程序

一、实验目的

通过安装 Office 2016 软件，了解一般应用程序的安装过程，学会安装、修复和卸载软件。

二、实验要求

（1）安装 Office 2016 软件。

（2）卸载选定的应用程序。

三、预备知识

在 Windows 操作系统中安装软件的大致步骤包括购买或下载软件安装包，解压缩安装包，启动软件安装程序，确认许可协议，选择安装路径，选择程序组件，安装程序文件，安装完成并添加桌面快捷方式。

四、注意事项

在 Windows 操作系统中安装软件时，不仅要复制文件，还要在系统中注册一些相关信息；在卸载软件时，除了要删除相关文件外，还要清理系统注册信息。因此，一般要通过安装或卸载程序完成软件的安装、卸载或更新任务；否则可能造成 Windows 系统或相关软件运行不稳定。

五、实验步骤

1．安装 Office 2016

（1）打开 Office 2016 的安装文件包，先解压缩程序文件，解压缩完成后，启动其中的安装向导程序 Setup.exe，开始 Office 2016 的安装，如图 1-4-1 所示。启动安装操作之后，安装程序将自动进行软件安装，如图 1-4-2 所示。当安装成功时，显示安装完成的对话框，如图 1-4-3 所示。

图 1-4-1　Office 2016 开始安装界面

图 1-4-2　Office 2016 安装过程界面

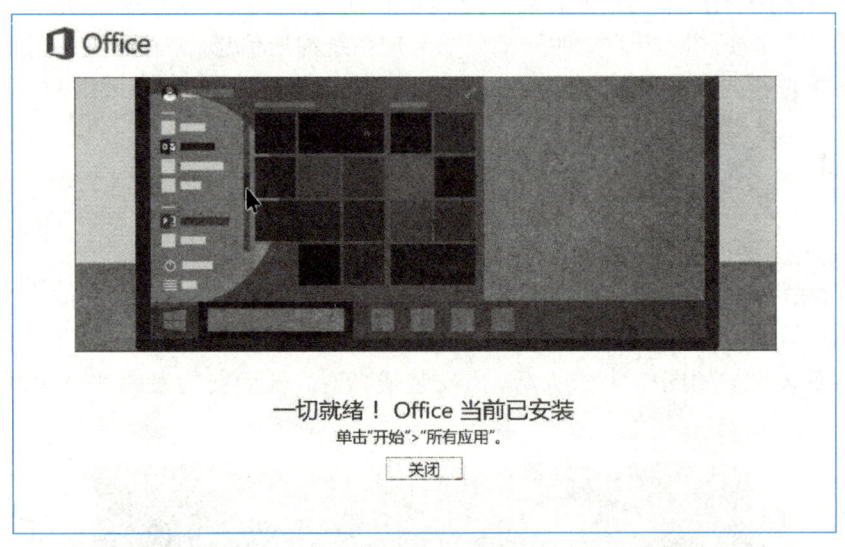

图 1-4-3　Office 2016 完成安装界面

（2）Office 2016 安装完成后，需要经过激活操作才能正常使用。如果软件本身已经被激活，可以直接使用，无须再次激活。软件是否已被激活，可以通过某个套件，如 Word 来了解：单击 Word 中"文件"菜单中的"账号"选项，即可查看软件激活情况，如图 1-4-4 所示。如果软件还未完成激活，可以通过激活工具软件来激活 Office 2016，也可以通过输入产品密钥、激活码来激活，如图 1-4-5 所示。

2．卸载应用程序

（1）在"此电脑"窗口中，单击"计算机"选项卡"系统"选项组中的"卸载或更改程序"按钮。

图 1-4-4　Office 2016 激活界面

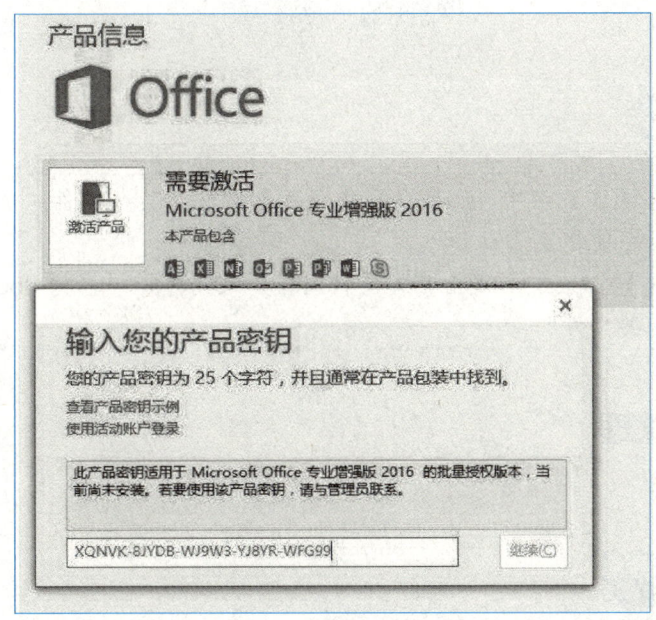

图 1-4-5　输入产品密钥

（2）在"卸载或更改程序"窗口中，在左侧窗格选择"应用和功能"选项；再选择右侧"应用和功能"窗格，在"找到 m 个应用"列表中选择要卸载的应用程序（如"Microsoft Visual FoxPro 6.0（简体中文）"），如图 1-4-6 所示。单击"卸载"按钮，开始应用程序的卸载操作。

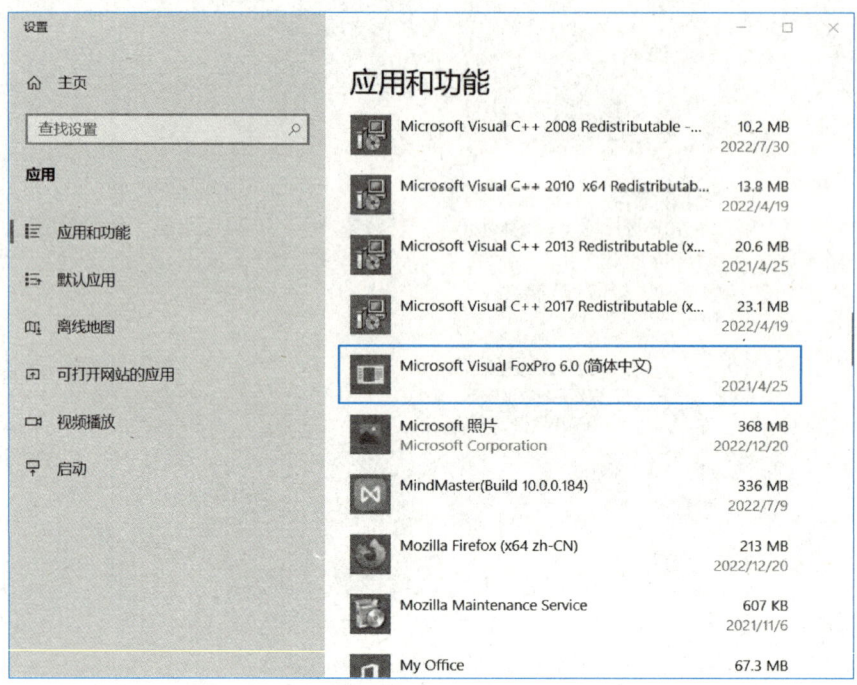

图 1-4-6　卸载应用程序

六、思考题

（1）在 Windows 操作系统中，如果误操作或病毒破坏了某些软件中的文件及其注册表信息，应该如何恢复程序使之正常运行？

（2）在 Windows 操作系统中双击某类文件时，如果文件扩展名为 docx 或 accdb，系统会通过什么软件打开相关文件？

1.5　系统运行管理

一、实验目的

学会利用任务管理器监视系统运行状况和管控应用程序；通过使用系统工具，掌握清理和优化磁盘空间的常用方法，使系统保持在最佳状态下运行。

二、实验要求

（1）通过任务管理器监视系统的运行状况和管理应用程序。

（2）清理 E 盘中的垃圾文件。

（3）整理 E 盘中的磁盘碎片。

三、预备知识

1. 任务管理器

任务管理器是 Windows 提供的一种管理系统运行情况的工具，常用功能如下。

（1）管理应用程序：用于显示和管理当前用户运行的应用程序。当应用程序没有响应或运行出现停顿，导致不能通过正常途径关闭某个应用程序时，需要通过"结束任务"按钮强行终止应用程序。

（2）监视系统的运行状态：主要用于显示正在运行的程序（进程）所占用的 CPU 和内存情况等，特别是对于异常占用 CPU 和内存资源而使系统无法正常运行的进程，可以通过"结束进程"按钮提前将其终止。

2. 垃圾文件

垃圾文件是指系统中不再使用的文件。通过系统的磁盘清理工具可以批量清理回收站中的文件、Internet 临时文件、压缩的旧文件和临时文件（存放于系统的 temp 目录中）等各类垃圾文件，以便释放更多的磁盘空间。

3. 磁盘碎片

磁盘碎片是指硬盘读写过程中产生的不连续的存储空间。在磁盘中经常要存储和删除文件，有可能产生大量的磁盘碎片，导致系统存取文件的速度越来越慢。因此，有必要经常运行系统的磁盘碎片整理程序，使已保存的文件尽量占用连续的磁盘存储空间，将磁盘碎片整理成大片可用的连续磁盘空间。

四、注意事项

（1）在任务管理器中，应该谨慎结束应用程序或进程，避免造成数据丢失或系统运行出错。

（2）在运行磁盘清理工具时，应该谨慎清理压缩的旧文件，避免删除暂时无用而以后还要使用的文件。

（3）在对某个逻辑磁盘运行磁盘碎片整理程序时，可能需要较长的时间，具体需要的时间与磁盘容量、存储信息量以及距上次整理的时间间隔都有关系。

五、实验步骤

1. 监视系统的运行状态和管理应用程序

（1）分别双击打开本章 1.2 节建立的"实验文本.txt"和"实验映像.jpg"两个文件，运行相关的应用程序，该操作创建了两个进程。

（2）在任务栏的空白处右击，在弹出的快捷菜单中选择"任务管理器"选项。

（3）在"任务管理器"窗口中，选择"进程"选项卡，如图 1-5-1 所示。观察上述两个应用的资源占用情况，如名称、占用 CPU、占用内存等数据。

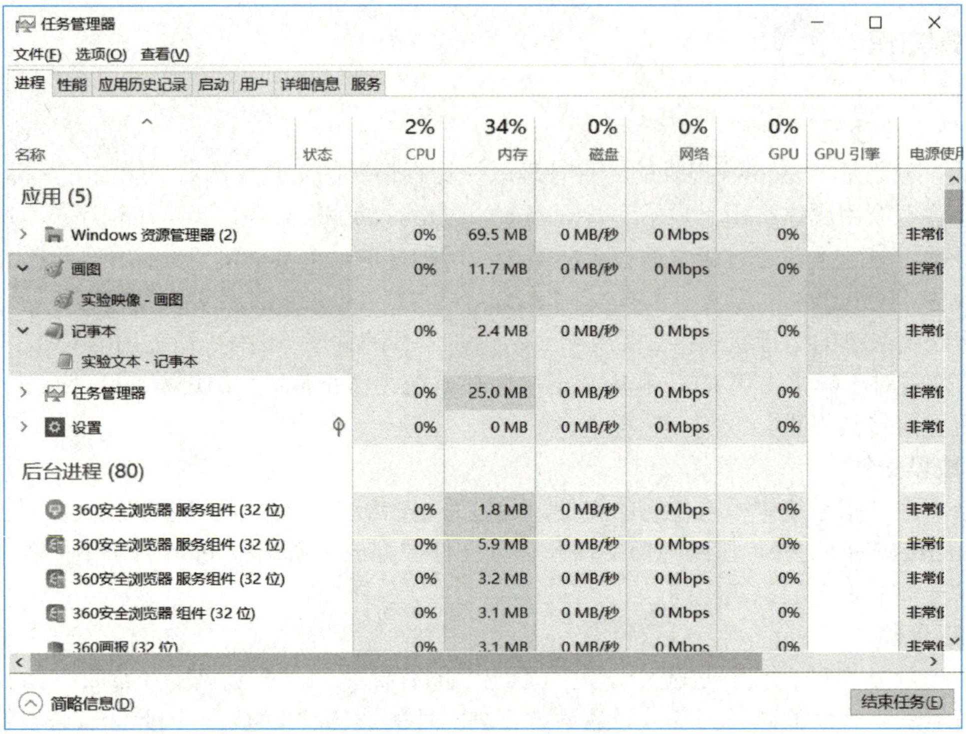

图 1-5-1　"任务管理器"窗口中的"进程"选项卡界面

（4）在"任务管理器"窗口的"进程"选项卡中，选择"画图"下的"实验映像-画图"进程，单击"结束进程"按钮，结束该进程，退出"实验映像-画图"的操作。

（5）在"任务管理器"窗口的"进程"选项卡中，选择"记事本"下的"实验文本-记事本"进程，单击"结束进程"按钮，结束该进程，退出"实验文本-记事本"的操作。

2．清理磁盘

（1）在"此电脑"窗口中，右击"本地磁盘（C:）"，在弹出的快捷菜单中选择"属性"选项。

（2）在打开的本地磁盘属性对话框中，单击"磁盘清理"按钮，如图 1-5-2 所示。

（3）在打开的磁盘清理对话框中，从"要删除的文件"列表中选中回收站、压缩旧文件等垃圾文件类型，单击"确定"按钮。

3．整理磁盘碎片

在"此电脑"窗口中，右击"本地磁盘（C:）"；从弹出的快捷菜单中选择"属性"选项，打开属性对话框；选择"工具"选项卡，单击"对驱动器进行优化和碎片整理"栏中的"优化"按钮；打开"优化驱动器"窗口，如图 1-5-3 所示。选择磁盘，单击"优化"按钮，开始进行磁盘碎片优化整理；完成优化后，单击"关闭"按钮，退出优化整理。

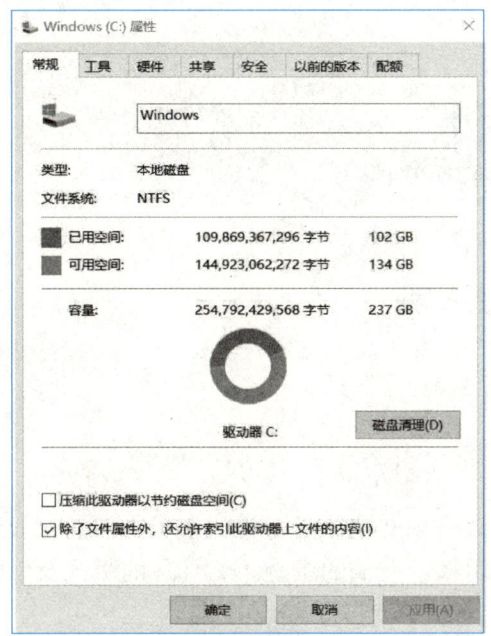

图 1-5-2　本地磁盘属性对话框

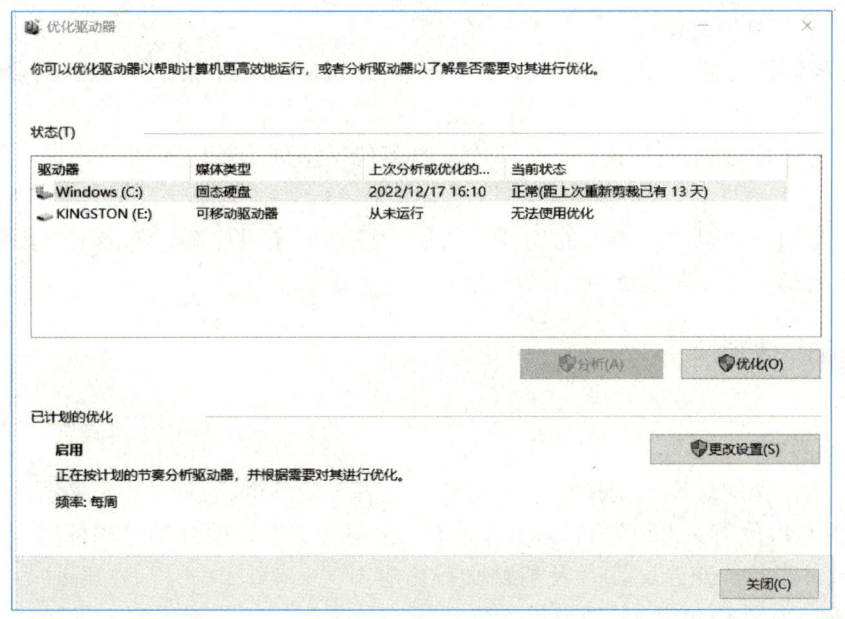

图 1-5-3　磁盘优化整理界面

六、思考题

（1）在任务管理器中，哪些进程是不能随意终止的？

（2）维护微型计算机的磁盘可以进行哪些操作？这些操作的基本过程是什么？

## 第 2 章

演示文稿案例设计

2.1　制作校园风光照片墙

一、实验目的

通过设计校园风光照片墙演示文稿，学习设计演示文稿的一般过程，掌握新建幻灯片、添加动画的基本方法，充分利用演示文稿的主题、幻灯片的版式及母版技术简化设计演示文稿的过程，提高工作效率。

二、实验要求

（1）设计校园风光照片墙演示文稿，应用内置主题，将文件保存到 E:\<教学号>\校园风光照片墙.pptx。

（2）利用幻灯片母版设计第 1 张幻灯片，内容包括不同形状的风景缩略图，设置缩略图的播放动画。

（3）第 2 张幻灯片以"悬挂"的切换方式展示校园风光照片墙，单击缩略图展示对应的幻灯片。单击弹出幻灯片，可返回到缩放状态。

三、预备知识

1．幻灯片版式

幻灯片版式包含幻灯片的切换方式、幻灯片上各类内容的格式（包括背景、颜色、字体和效果等）、位置和占位符。占位符可以容纳文本（含正文文本、项目符号和标题）、表格、图表、SmartArt 图形、影片、声音、图片及剪贴画等内容。

PowerPoint 2019 中包含 11 种内置幻灯片版式。每张幻灯片都需要一种版式，版式为幻灯片提供初始内容、格式、效果以及幻灯片的切换方式。单击"开始"→"幻灯片"→"版式"下拉按钮，可以在下拉框中为当前幻灯片选用某种版式，如图 2-1-1 所示。

2．幻灯片母版

幻灯片母版是幻灯片层次结构中的顶层幻灯片，用于设计、增加、修改和存储演示文稿中幻灯片的各种版式信息。单击"视图"→"母版视图"→"幻灯片母版"选项，打开的幻灯片母版视图如图 2-1-2 所示，设计完幻灯片母版后，需要单击"关闭母版视图"选项。

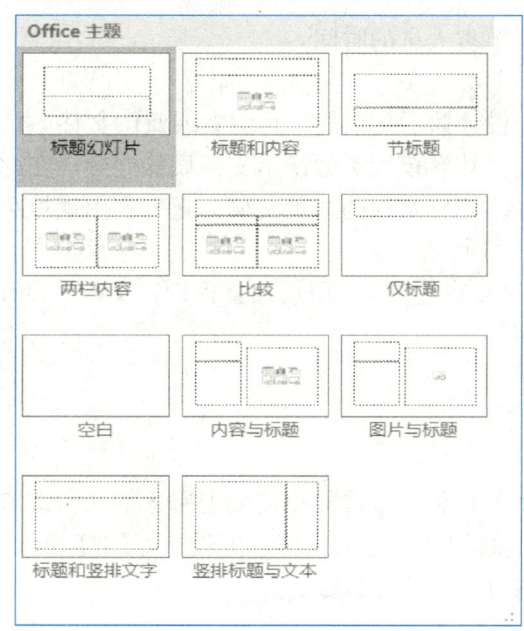

图 2-1-1　幻灯片版式下拉框

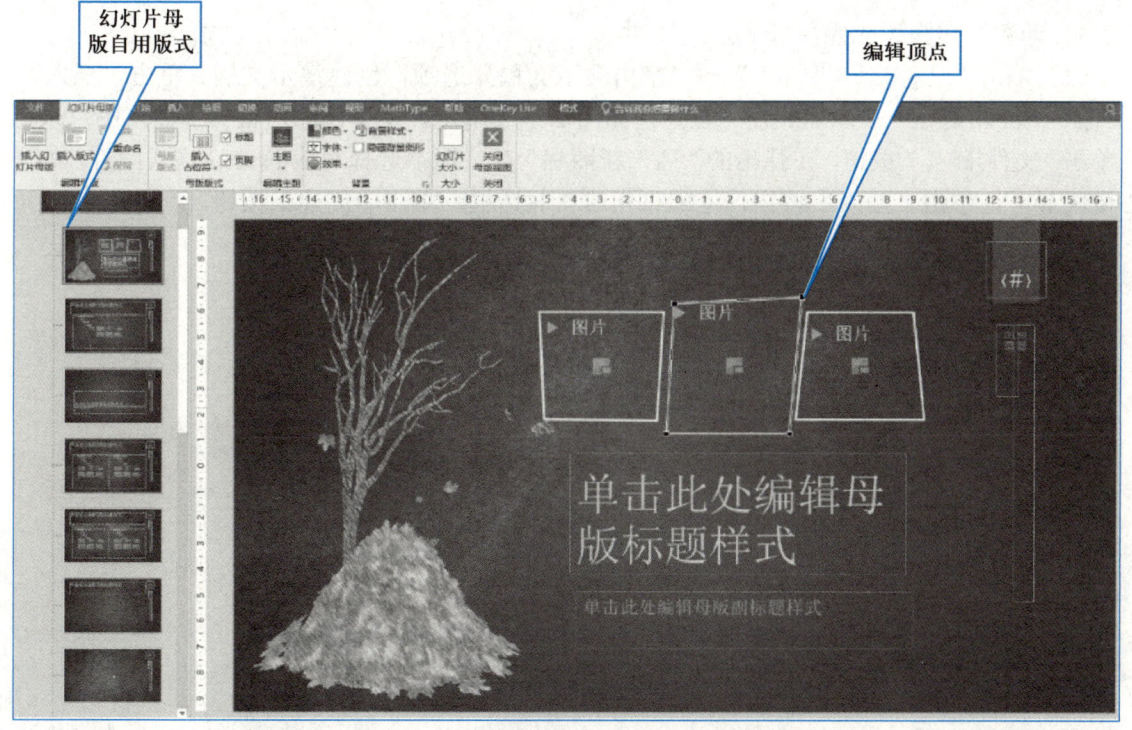

图 2-1-2　幻灯片母版视图

　　每个演示文稿至少包含一种幻灯片母版。修改幻灯片母版中某个版式信息，将反映到使用该版式的每张幻灯片上，因此，合理设计和调整幻灯片的版式信息，可以避免重复输入或设计各张幻灯片上统一的信息，节省大量的时间。

3．PowerPoint 模板

PowerPoint 模板是用于设计演示文稿的一种图案或蓝图文件（扩展名为 potx），一个文件中可能存储一张或多张模板幻灯片。模板类似演示文稿设计向导，在此基础上适当增加、修改或删除相关的信息，可以设计出比较实用的演示文稿。充分利用模板可以简化演示文稿的设计过程，提高幻灯片的设计效率和水平。

利用 PowerPoint 2019 可以自建模板，引用内置模板，或者从 Office.com 和其他网站下载模板，供设计演示文稿时引用。

四、注意事项

（1）使用 Office.com 中的模板时，计算机需要上网才能正常选取模板。

（2）在设计演示文稿中的幻灯片之前，应该先设计好幻灯片母版（幻灯片版式），否则可能导致幻灯片与其版式的设计风格不一致。

五、实验步骤

1．新建"校园风光照片墙.pptx"文件

（1）单击"文件"→"新建"→"空白演示文稿"选项，创建演示文稿。单击"插入"→"图像"→"相册"→"新建相册"按钮，如图 2-1-3 所示，在弹出的对话框"插入图片来自："处单击"文件/磁盘"按钮，在弹出的"插入新图片"对话框中选择对应的 JPG 格式图片，如"中心校区.jpg"。单击"插入"按钮，返回"相册"对话框，单击"创建"按钮。

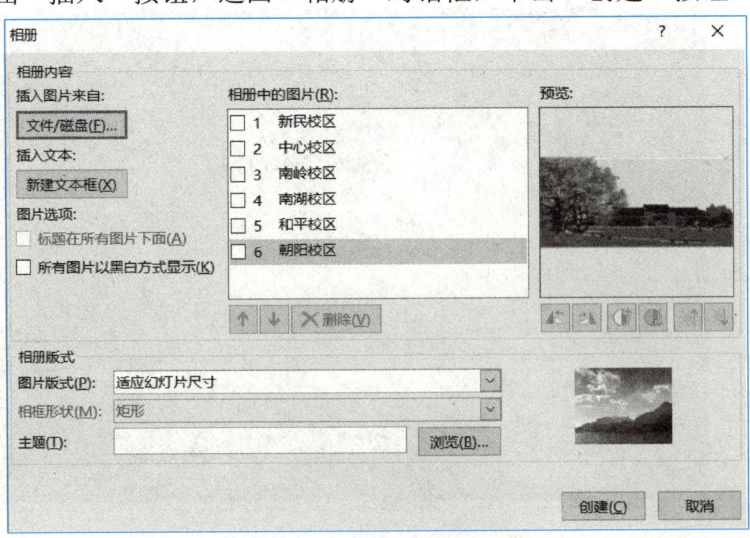

图 2-1-3　"相册"对话框

（2）单击"设计"→"主题"→"其他"按钮，选择"离子"主题。

（3）单击"视图"→"母版视图"→"幻灯片母版"选项，进入母版视图。单击"标题幻

灯片版式"缩略图,单击母版标题边框,设置字体为"华文琥珀",48 号,居中。重复以上操作,单击母版副标题边框,设置字体为"黑体",20 号,居中。右击母版标题边框→"大小和位置"选项,在"设置形状格式"窗格中,设置母版标题文本框高度为 4 厘米,宽度为 12 厘米,水平位置为 12 厘米,垂直位置为 10 厘米。重复以上操作,设置母版副标题文本框为高度为 2 厘米,宽度为 12 厘米,水平位置为 12 厘米,垂直位置为 15 厘米。

(4)单击"幻灯片母版"→"母版版式"→"插入占位符"→"图片"选项,单击幻灯片版式空白处,创建"图片"占位符。单击"图片"占位符→"形状样式"→"形状轮廓"下拉按钮,选择颜色为"白色",粗细为 3 磅。单击"插入形状"→"编辑形状"→"更改形状"按钮,选择"平行四边形"选项。

(5)重复以上操作,依次加入形状为"梯形"和"矩形"的另外两个图片占位符。右击图片占位符边框,在弹出的快捷菜单中选择"编辑顶点",拖曳顶点位置适当调整占位符形状,排列效果如图 2-1-2 所示。

(6)单击"插入"→"图像"→"图片"按钮,在打开的插入图片对话框中选择"树.png"文件,将图片放在标题母版幻灯片的左侧。

(7)关闭幻灯片母版视图。单击"开始"→"幻灯片"→"新建幻灯片"→"标题幻灯片"选项,新建 1 张幻灯片,并删除原始第 1 张幻灯片。

(8)单击"文件"→"另存为"按钮,在"另存为"对话框中,选择文件保存位置(如 E:\U99220101),输入文件名为"校园风光照片墙.pptx",再单击"保存"按钮。

2.设计封面幻灯片

(1)将标题内容改为"照片墙",副标题内容改为"校园风景展示"。

(2)单击"图片"占位符的"图片"按钮,在弹出的"插入图片"对话框中选中"缩略图 1.png"文件,单击"插入"按钮。重复以上操作,依次单击其余图片占位符,添加"缩略图 2.png"和"缩略图 3.png"文件,如图 2-1-4 所示。

图 2-1-4 第 1 张幻灯片

(3)选择第 1 张缩略图,单击"动画"→"动画"→"其他按钮"→"强调"→"跷跷板"按钮。单击"动画"→"计时"→"开始"下拉按钮,选择"与上一动画同时"选项,设置持续时间为 1 s。单击第 1 张缩略图，双击"动画"→"高级动画"→"动画刷"按钮，依次单击第 2 张及第 3 张缩略图，完成动画的复制后，按 Esc 键取消动画刷。分别设置第 2 张及第 3 张缩略图的动画持续时间为 0.75 s 和 0.5 s。

3．设计照片墙幻灯片

（1）单击"开始"→"幻灯片"→"新建幻灯片"下拉按钮，在弹出菜单中选择"空白"版式，新建第 2 张幻灯片。

（2）单击"插入"→"链接"→"缩放定位"→"幻灯片缩放定位"按钮，在弹出的对话框中选择第 3～8 张幻灯片，单击"插入"按钮。选中第 1 张图片，单击"缩放工具"/"格式"→"缩放定位样式"下拉按钮，在弹出的菜单中，选择"简单框架，黑色"选项。重复以上操作，依次选中其余图片，选择边框为"金属椭圆"或"映像棱台，白色"等，摆放效果如图 2-1-5 所示。

图 2-1-5　第 2 张幻灯片

（3）单击第 1 张缩略图片，单击"缩放工具"/"格式"→"缩放定位选项"→选中"返回到缩放"选项。重复以上操作，依次单击其余图片，选中"返回到缩放"选项。

（4）单击"插入"→"插图"→"3D 模型"按钮，在弹出的对话框中选择"挂饰.fbx"文件，单击"插入"按钮。在 3D 模型中心位置按下鼠标进行旋转，调整 3D 模型视角及大小，放置于图 2-1-5 所示位置。单击"切换"→"切换到次幻灯片"→"其他"→"华丽"→"悬挂"按钮，设置幻灯片切换方式。

（5）单击"幻灯片放映"→"开始放映幻灯片"→"从当前幻灯片开始"选项，全屏放映幻灯片。单击任意一个缩略图，进入放大状态；单击放大的图片，可返回到缩放状态。单击"幻灯片放映"→"开始放映幻灯片"→"从头开始"选项，放映全部幻灯片。

六、思考题

（1）设计校园风光照片墙演示文稿之前，应该准备哪些素材？如何获取这些素材？

（2）幻灯片版式、幻灯片母版和 PowerPoint 模板三者有何关系？在设计演示文稿时，它们各自起什么作用？

（3）相比于摘要缩放定位，幻灯片缩放定位更适用于什么情况？

2.2 设计个人简介演示文稿

一、实验目的

通过设计个人简介演示文稿，学习如何自定义主题颜色、设置幻灯片页眉页脚等，掌握添加图片、音频和视频对象的基本方法。充分利用演示文稿的放映功能（如排练计时、激光笔及部分区域放大等），提升工作效率。

二、实验要求

（1）依据模板，设计包含 4 张幻灯片的个人简介演示文稿，每张幻灯片上显示播放开始时间和幻灯片编号，保存到 E:\<教学号>\个人简介.pptx。

（2）利用幻灯片母版设计第 1 张幻灯片。

（3）第 2 张幻灯片以"门"的切换方式播放自然情况及学历等，内容包含姓名、性别、出生日期、照片、毕业学校（显示校徽）、专业、学历（使用超链接显示毕业证书）和成绩单，背景音乐为校歌。

（4）第 3 张幻灯片以"立方体"的切换方式播放特长及技能，内容包含特长、外语考试等级、计算机考试等级、获奖情况，用超链接显示相关证书的图片。

（5）第 4 张幻灯片以"缩放"的切换方式播放工作经历，内容包含毕业设计、毕业实习、社会工作。单击"社会工作"开始播放相关视频。

（6）用 5 分钟放映完演示文稿。

三、预备知识

1．幻灯片放映

Power Point 2019 中包含 3 种幻灯片放映类型。不同的放映类型适用于不同的展示场景。默认的放映类型是"演讲者放映"，该放映类型和"在展台浏览"放映类型均为幻灯片全屏显示，而"观众自行浏览"放映类型将在标准窗口中展示。单击"幻灯片放映"→"设置"→"设置幻灯片放映"按钮，打开"设置放映方式"对话框，如图 2-2-1 所示，可以设置放映类型、选择幻灯片放映范围以及设置相关放映选项等。

在幻灯片放映时，可以设置排练计时，该功能用于设置每张幻灯片放映的时长。设置放映方式时，如果单击"如果出现计时，则使用它"选项，将按照排练计时的时长推进幻灯片。

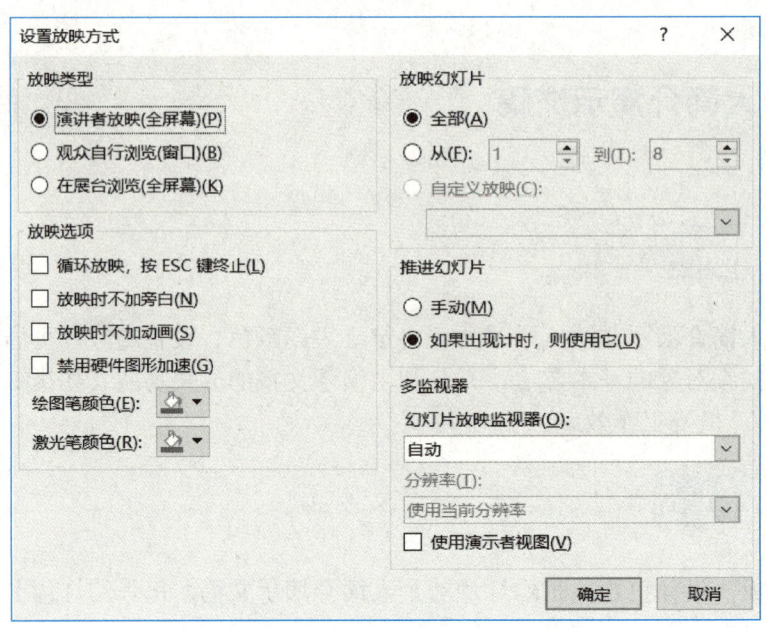

图 2-2-1　"设置放映方式"对话框

2．幻灯片页眉和页脚

通过"页眉和页脚"对话框可以为幻灯片添加日期和时间、标题及幻灯片编号等。普通幻灯片在页脚进行添加，备注和讲义可以同时在页眉和页脚进行添加。单击"插入"→"文本"→"页眉和页脚"按钮，打开相应的对话框，进行相关设置，如图 2-2-2 所示。在"备注和讲义"选项卡进行页眉和页脚设置。在"视图"→"演示文稿视图"→"备注页"中可以看到放映的效果。

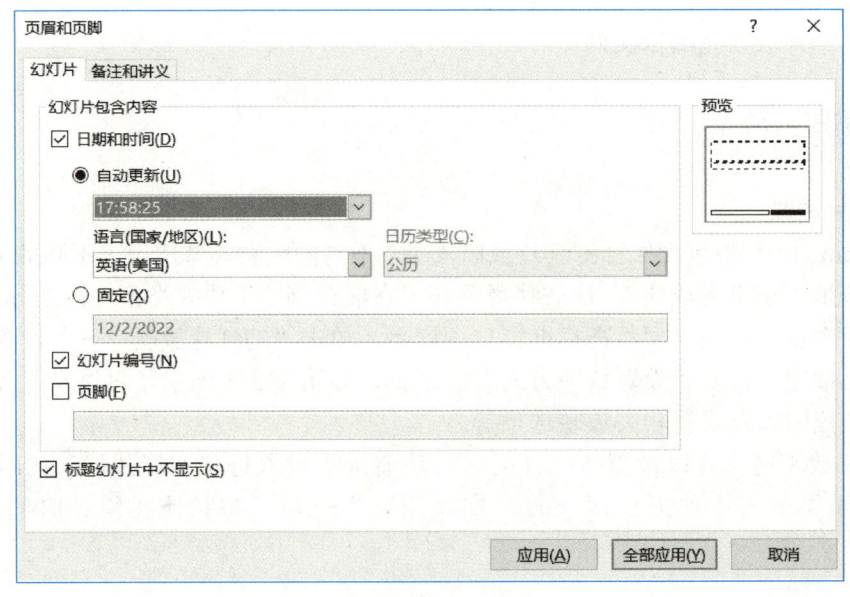

图 2-2-2　"页眉和页脚"对话框

四、注意事项

（1）通过"排练计时"放映演示文稿时，回放或超链接到演示文稿以外，将会影响放映时间的准确性。

（2）在放映时，音频对象（小喇叭）可以设置为隐藏。

五、实验步骤

1．新建个人简介.pptx

（1）单击"文件"→"新建"→"主题"→"红利"→"创建"选项，创建演示文稿。单击"设计"→"变体"→"其他"→"颜色"→"蓝色暖调"选项，设置主题颜色。

（2）单击"视图"→"母版视图"→"幻灯片母版"选项，进入母版视图。单击"标题幻灯片"版式缩略图，单击"插入"→"图像"→"图片"→"此设备"，插入图片"校徽.jpg"，将图片放置于幻灯片右上角，如图 2-2-3 所示。

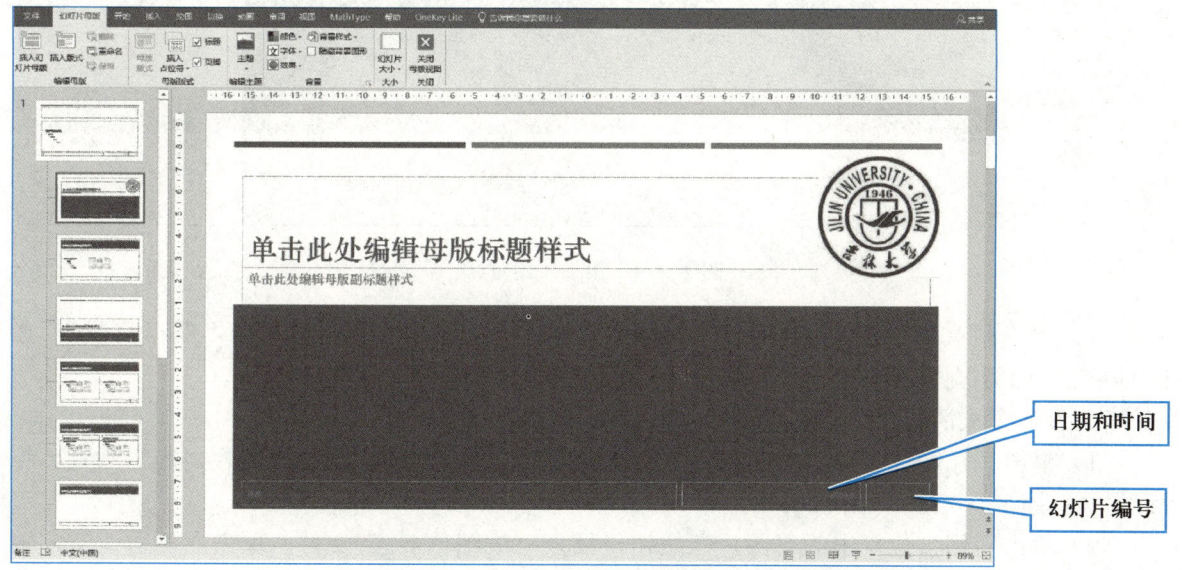

图 2-2-3　幻灯片母版视图

（3）右击下方蓝色文本框，在弹出的快捷菜单中选择"设置图片格式"。在"设置图片格式"窗格中，单击"填充"→"图片或纹理填充"→插入图片来自"文件"按钮，在"插入图片"对话框中选择文件"背景.png"。

（4）选择母版缩略图中"两栏内容"版式。单击"插入"→"图像"→"图片"→"此设备"按钮，选择"校徽.jpg"文件。单击"图片格式"→"大小"，设定图像高度和宽度均为 3 cm，并将图片置于幻灯片左下角。选择"标题和内容"版式，重复以上操作。

（5）单击"幻灯片母版"→"关闭"→"关闭母版视图"按钮。单击"插入"→"文本"→"页眉和页脚"按钮，按图 2-2-2 所示的内容进行设置。单击"全部应用"按钮，在幻灯片中显示放映时间和幻灯片编号。

（6）将标题内容改为"个人简介"，副标题内容改为"袁梦"。单击标题文本框，按住 Ctrl 键，同时单击副标题文本框，单击"动画"→"动画"→"淡入"动画效果。单击"计时"→"开始"→"与上一动画同时"，如图 2-2-4 所示。

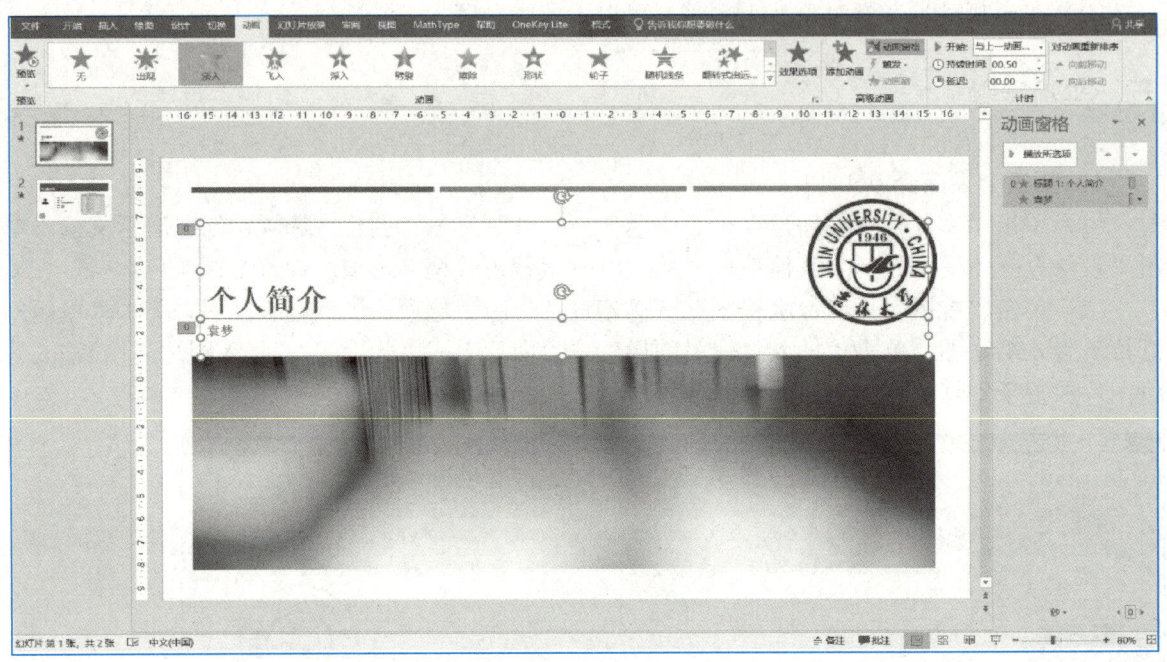

图 2-2-4　第 1 张幻灯片

（7）单击"文件"→"另存为"按钮，在"另存为"对话框中，选择"保存位置"（如 E:\U99220101），输入"文件名"为"个人简介.pptx"，单击"保存"按钮。

2．设计个人情况介绍幻灯片

（1）单击"开始"→"幻灯片"→"新建幻灯片"下拉按钮，选择"两栏内容"版式。将标题内容改为"个人情况介绍"。

（2）单击右侧占位符中的"图片"按钮，插入"成绩单.jpg"文件。单击左侧占位符，输入姓名、性别和专业、学历等信息，如图 2-2-5 所示。

（3）单击"插入"→"插图"→"图标"按钮，在弹出的对话框中选择"人员"，选择图 2-2-5 左侧所示图标，单击"插入"按钮。单击"格式"→"图形样式"→"图形填充"下拉按钮，选择"浅蓝，背景 2，深色 75%"颜色。

（4）选中第 1 张幻灯片，单击"切换"→"切换到此幻灯片"→"其他"→"分割"按钮。同理，选中第 2 张幻灯片，选择切换方式为"门"。

（5）单击"插入"→"媒体"→"音频"→"PC 上的音频"按钮，在"插入音频"对话框中选择"校歌.mp3"文件，单击"插入"按钮。

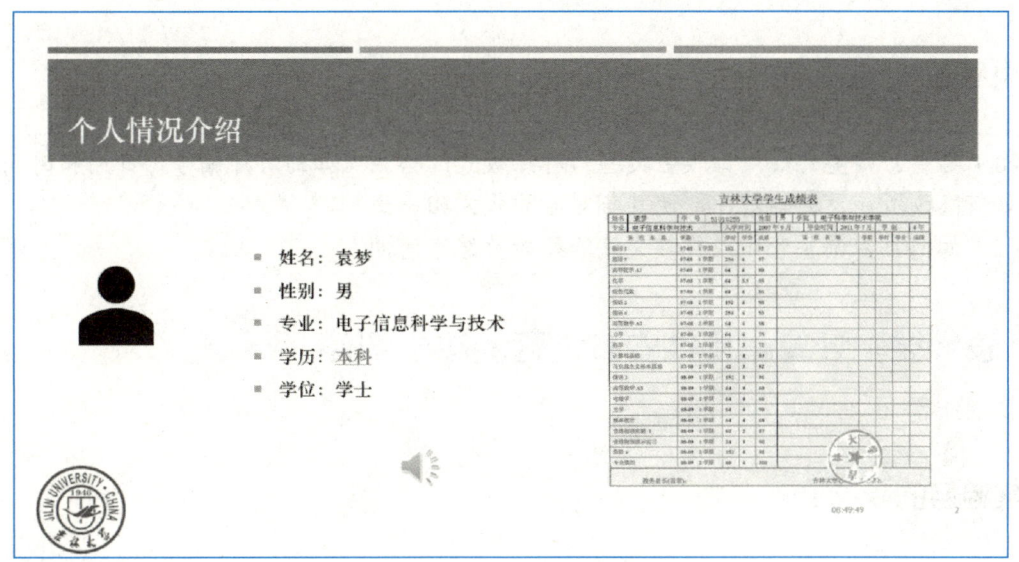

图 2-2-5 第 2 张幻灯片

（6）选定音频对象（小喇叭图标），单击"播放"→"音频选项"→"开始"→"自动"按钮。同时，选中"放映时隐藏"和"循环播放，直到停止"复选框，设置音量为"中等"。单击"播放"→"编辑"→"裁剪音频"按钮，在"裁剪音频"对话框中设置音频开始时间为 00:05，结束时间为 02:30，单击"确定"按钮，如图 2-2-6 所示。

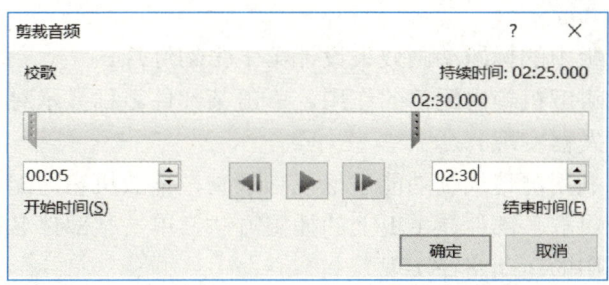

图 2-2-6 设置音频

（7）右击"本科"两个字，在弹出的快捷菜单中选择"超链接"，在"插入超链接"对话框中选择"毕业证.jpg"文件，单击"确定"按钮。

3．设计其他幻灯片

（1）单击"开始"→"幻灯片"→"新建幻灯片"下拉按钮，选择"标题和内容"版式。

（2）用上述类似的操作过程和方法，按照实验要求（4）～（5）设计幻灯片。

4．计时放映

在"幻灯片放映"选项卡中，单击"从头开始"选项，从第 1 张幻灯片开始放映演示文稿；单击"从当前幻灯片开始"按钮，从当前幻灯片向后放映；单击"排练计时"按钮，进行计时放映。在放映演示文稿过程中，可以按 PageDown 键或单击鼠标向后放映，按 PageUp 键向前放映（回放），按 Esc 键停止放映。

六、思考题

（1）要重新调整幻灯片母版中某些幻灯片版式的格式（如幻灯片编号、日期和时间等），应该如何修改所涉及的幻灯片，使其与对应的版式一致？

（2）如何自由调整音频或视频文件的开始及结束时间？

2.3　设计微型计算机硬件安装过程的教学课件

一、实验目的

通过设计教学课件，学会充分利用 PowerPoint 2019 内置的动画和触发器，设计具有动画效果的演示文稿，用平面媒体实现文字、声音、图片和视频并茂的立体化动画效果。

二、实验要求

（1）设计安装微型机硬件演示文稿，应用设计主题，保存到 E:\<教学号>\安装微型机硬件.pptx 中。

（2）依据幻灯片母版中的标题动画效果设计第 1 张幻灯片。

（3）第 2 张幻灯片讲解机箱内配件的作用，单击某部件名称显示对应部件的图片，再次单击则隐藏（用动画和触发器实现）。

（4）第 3 张幻灯片利用屏幕录制功能进行视频录制，播放机箱内配件展示动画的视频。

（5）第 4 张幻灯片讲解各部件在主板上的插接方法，单击某部件名称演示部件的插接运动过程（用触发器和动画中的运动路径实现）。

三、预备知识

1．动画分类

PowerPoint 2019 为幻灯片中的对象（如文本、图片、形状、表格、SmartArt 图形等）赋予了进入、退出、强调和动作路径 4 种动画效果。

（1）进入：是指对象在幻灯片中出现时的动画效果，如飞入、旋转和擦除等。

（2）退出：是指幻灯片中隐藏（消失）对象时的动画效果，如消失、淡出和飞出等。

（3）强调：是指对象在幻灯片中突出显示时的动画效果，如陀螺旋、缩小/放大和加粗闪烁等。

（4）动作路径：是指对象在幻灯片中的运动轨迹的动画效果，如直线、弧形和循环。

2．动画窗格

单击"动画"→"高级动画"→"动画窗格"选项，可以打开动画窗格，如图 2-3-1 所示。

一个对象可以有多个动画，在动画窗格中，每行表示一个动画。动画的上下顺序表示播放动画时的前后顺序。选定某个动画后，单击"向前移动"或"向后移动"按钮可以调整各个动画的上下顺序。

带编号的动画（如主板、电源盒等）需要单击或按键（如翻页键、光标控制键等）才能播放，无编号的动画（如主板触发器、电源触发器等）由系统自动播放。从每个动画的下拉框中可以选择相关的操作项，以便进一步查看、设置或删除动画。

3．触发器

触发器的行为与超链接有些相似，在播放幻灯片过程中，单击带有触发器的对象时，可以操作（如显示、隐藏和移动等）其他对象，触发器与超链接的主要区别在于：

（1）只能对幻灯片中的某个完整对象设计触发器，触发器只对本张幻灯片中的对象进行操作，一个触发器可以操作多个对象或动画。

（2）可以对完整对象或对象中的一段文字设计超链接，一般超链接对另一张幻灯片、当前演示文稿以外的文件或网络地址进行操作。

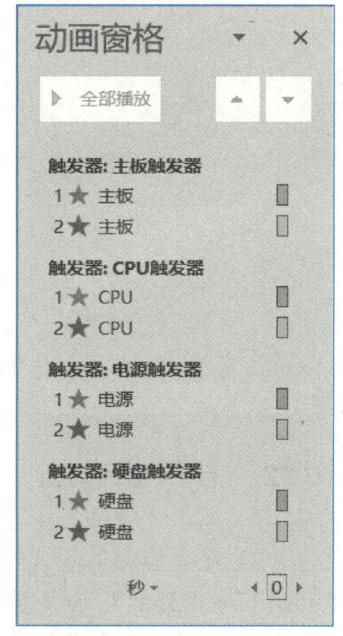

图 2-3-1　动画窗格

 **四、注意事项**

（1）如果没有看到所需的进入、退出、强调或动作路径动画效果，单击"更多进入效果""更多强调效果""更多退出效果"或"其他动作路径"可以看到全部效果。

（2）在动作路径中，路径的起点及终点均默认为是对象的中心位置。

 五、实验步骤

1．创建演示文稿

（1）单击"文件"→"新建"→"空白演示文稿"按钮，创建空白演示文稿。

（2）单击"文件"→"保存"选项。在"另存为"对话框中，选择保存位置（如 E:\U99220101），输入文件名为"安装微型机硬件.pptx"，单击"保存"按钮。

（3）选择"设计"→"主题"→"其他"→"框架"主题，为演示文稿设置样式。单击"设计"→"变体"→"其他"→"颜色"→"自定义颜色"，在打开的"新建主题颜色"对话框中，选择"着色 1(1)"→"其他颜色"→"自定义"选项卡，在打开的"颜色"对话框中设置红、绿、蓝色数值分别为 160、180 和 150，如图 2-3-2 所示。

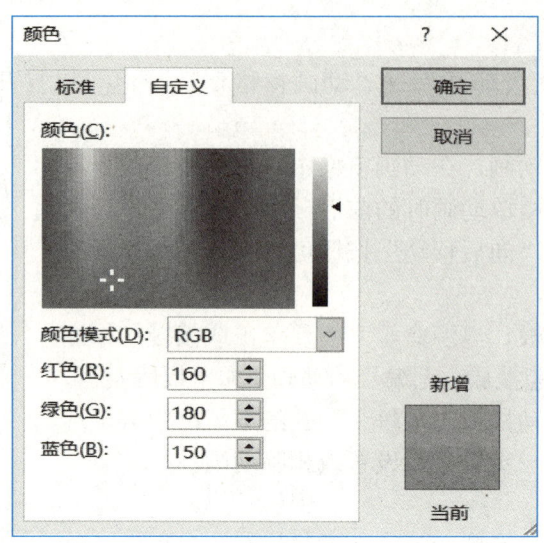

图 2-3-2　自定义颜色对话框

2．设计母版的动画

（1）单击"视图"→"母版视图"→"幻灯片母版"选项。

（2）在"标题"版式幻灯片母版中选定标题和副标题样式的所有矩形框，单击"动画"→"动画"→"其他"→"进入"→"擦除"动画。

（3）单击"动画"→"效果选项"→"自左侧"按钮。

（4）单击"动画"→"计时"→"开始"下拉按钮，选中"与上一动画同时"复选框。

（5）单击"幻灯片母版"→"关闭"→"关闭母版视图"按钮。

（6）在第 1 张幻灯片中，添加标题"安装微型机硬件"，添加副标题"动画演示"。

3．添加和设置对象

（1）单击"开始"→"新建幻灯片"→"两栏内容"按钮，建立第 2 张幻灯片。

（2）添加标题"机箱内配件"，文本内容为"机箱内配件包括：主板、CPU、电源、硬盘等"，分别将"主板""CPU""电源"和"硬盘"文字设置为蓝色并加下画线。

（3）单击"插入"→"插图"→"形状"→"矩形"选项，单击幻灯片，插入一个矩形框。

（4）右击矩形框，从弹出快捷菜单中选择"设置形状格式"选项，在弹出的"设置形状格式"窗格中，设置"线条颜色"为"无线条"；"纯色填充"选择任意颜色，"透明度"为 100%。单击"关闭"按钮。

（5）将矩形框拖至"主板"文字上，调整矩形框大小，使其恰好覆盖"主板"两个字。

（6）单击"开始"→"编辑"→"选择"→"选择窗格"选项，打开"选择"窗格（见图 2-3-3），双击对应的对象，可更改对象名。例如，将此矩形更名为"主板触发器"。

（7）通过复制、粘贴的方法或重复上述（3）～（6）步，依次设计"CPU""电源"和"硬盘"对应的矩形框。

（8）单击"插入"→"图像"→"图片"按钮，在弹出的"插入图片"对话框中选择"主板.jpg"文件，单击"插入"按钮，适当调整其位置，并在"选择"窗格中将其更名为"主板"。

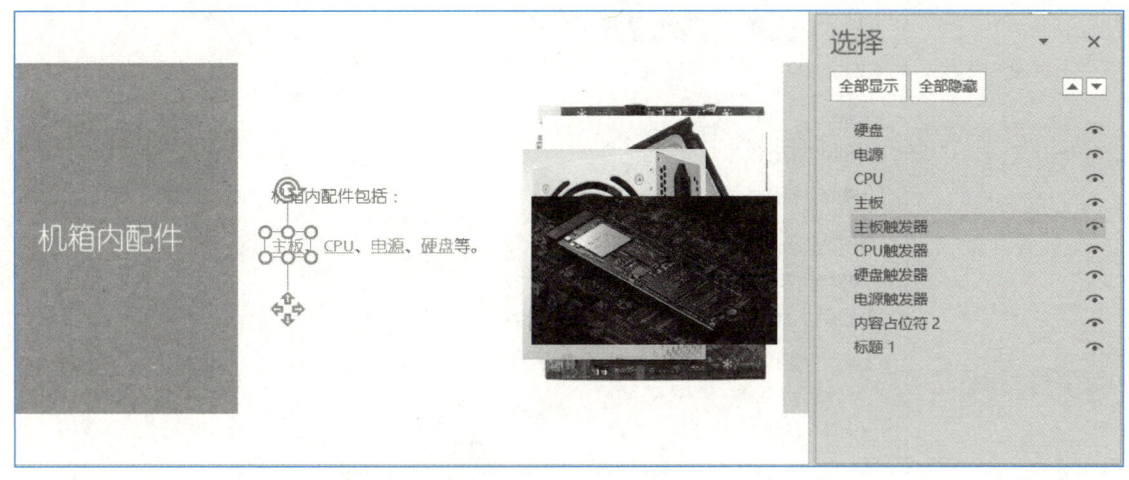

图 2-3-3 "选择"窗格

（9）重复第（8）步的操作方法，依次插入"CPU.jpg""电源.jpg"和"硬盘.jpg"文件，并分别改名为 CPU、电源和硬盘。

4．设置对象的动画和触发器

（1）选择幻灯片中所有图片，单击"动画"→"动画"→"其他"→"进入"→"缩放"动画。

（2）单击"动画"→"高级动画"→"动画窗格"按钮。

（3）在"动画窗格"中，从"主板"的下拉框中选择"计时"选项，如图 2-3-4 所示。在弹出的"缩放"对话框中，单击"触发器"按钮，选中"单击下列对象时启动动画效果"复选框，并从其下拉框中选择"主板触发器"选项，如图 2-3-5 所示。

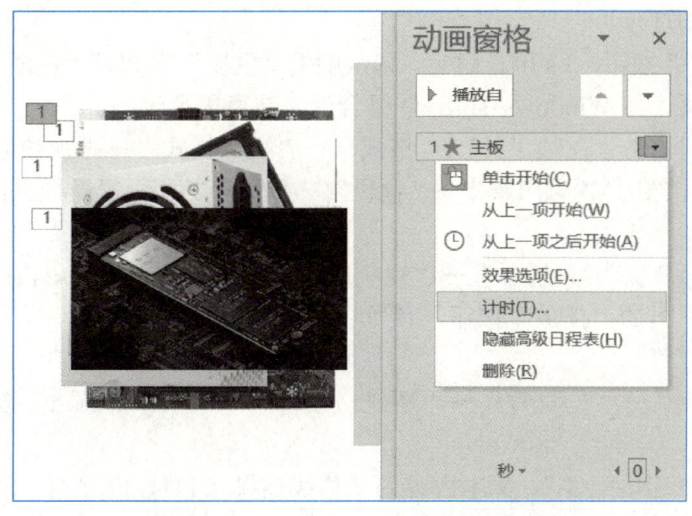

图 2-3-4 "主板"动画窗格的下拉列表

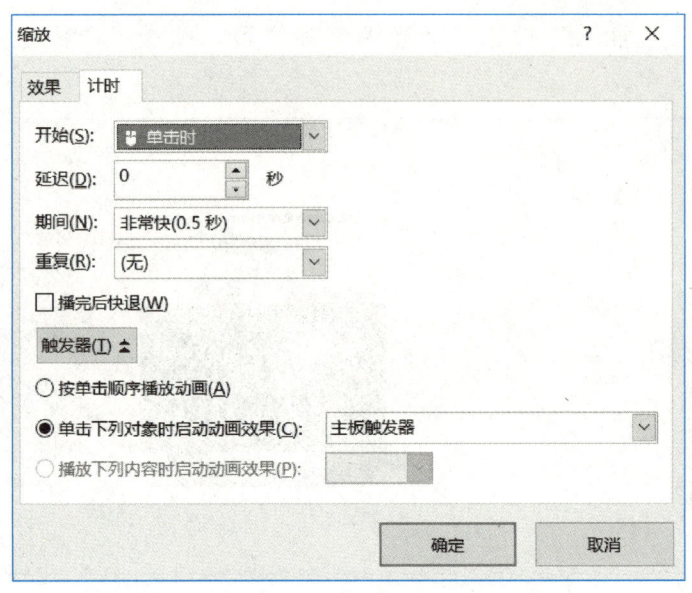

图 2-3-5　"缩放"对话框的"计时"选项卡

（4）选中"主板"图片，单击"动画"→"高级动画"→"添加动画"按钮，在下拉列表中选择"退出"动画为"擦除"。在"动画窗格"中，单击"下移"按钮，将"主板"的退出动画移到"进入"动画的下方，如图 2-3-1 所示。在播放幻灯片时，单击"主板触发器"即可显示主板图片，再单击"主板触发器"将擦除主板图片。

（5）重复第（3）和（4）步，分别设计"CPU""电源"和"硬盘"的触发器。

5．录制屏幕视频

（1）单击"开始"→"新建幻灯片"→"仅标题"按钮，建立第 3 张幻灯片。

（2）添加标题"视频演示"。

（3）单击"插入"→"媒体"→"屏幕录制"按钮，划定录制区域为全屏，单击第 2 张幻灯片，并放映当前幻灯片。

（4）单击"录制"按钮，3 s 倒计时后，依次触发"主板""CPU""电源"和"硬盘"的"进入"及"退出"动画，按 Windows+shift+Q 组合键，结束屏幕录制。

（5）选择视频，单击"视频工具" / "格式"→"视频样式"→"视频形状"→"椭圆"按钮，设置视频外形。单击"视频效果"→"预设"→"预设 2"，设置视频立体效果，如图 2-3-6所示。

（6）单击"视频工具" / "播放"→"视频选项"→"开始"→"单击时"按钮。

（7）单击视频下方的"播放"按钮，预览视频。

6．设置路径

（1）单击"开始"→"幻灯片"→"新建幻灯片"→"图片与标题"按钮，建立第 4 张幻灯片。

（2）添加标题"连接配件"。文本内容为"总线连接 CPU、内存槽、SATA 接口、电源插座、北桥芯片、南桥芯片等，形成硬件系统"。设置字体大小为 24。依次制作 CPU、内存槽等

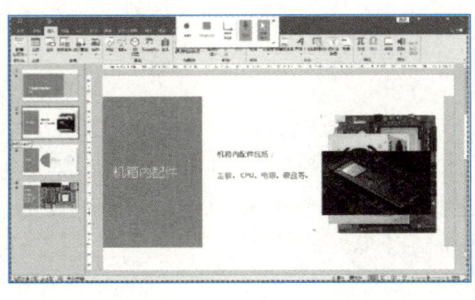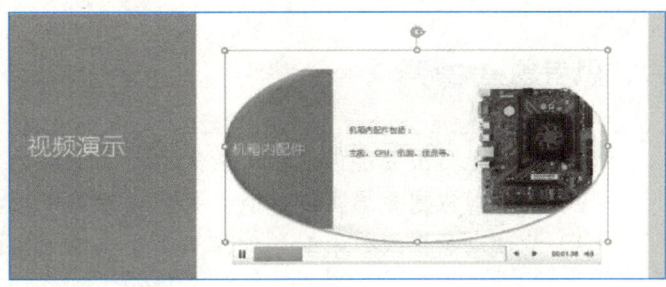

图 2-3-6 设置视频

触发器，制作方法见"4．设置对象的动画和触发器"。

（3）单击"插入"→"图像"→"图片"按钮，在弹出的"插入图片"对话框中依次选择"主板背景.jpg"和"CPU.jpg"文件。

（4）选中 CPU 图片，单击"动画"→"动画"→"其他"下拉按钮，在下拉列表中选择"进入"动画为"缩放"。单击"动画"→"高级动画"→"触发"→"通过单击"→"CPU 触发器"选项。

（5）选择 CPU 图片，单击"动画"→"添加动画"按钮，在下拉列表中选择动作路径为"直线"，拖曳红色终点至主板图片的 CPU 插槽中心部分。

（6）选择 CPU 图片，将触发器设置为"CPU 触发器"。选择"动画"→"计时"→"开始"→"上一动画之后"选项。

（7）插入内存条图片，重复做（4）～（6）步，设置"内存条触发器"触发及"自定义路径"效果。画出任意动作路径，拖曳红色终点至主板图片的内存条插槽中心部分。选择"动画"→"效果选项"→"编辑顶点"选项，调节路径曲线弯度，如图 2-3-7 所示。

（8）依次设计其他配件的幻灯片。

（9）在幻灯片缩略图窗格中单击，按 Ctrl+A 键选中所有幻灯片，单击"切换"→"切换到此幻灯片"→"其他"→"华丽"→"随机"按钮，设置幻灯片切换效果。从头开始放映全部幻灯片。

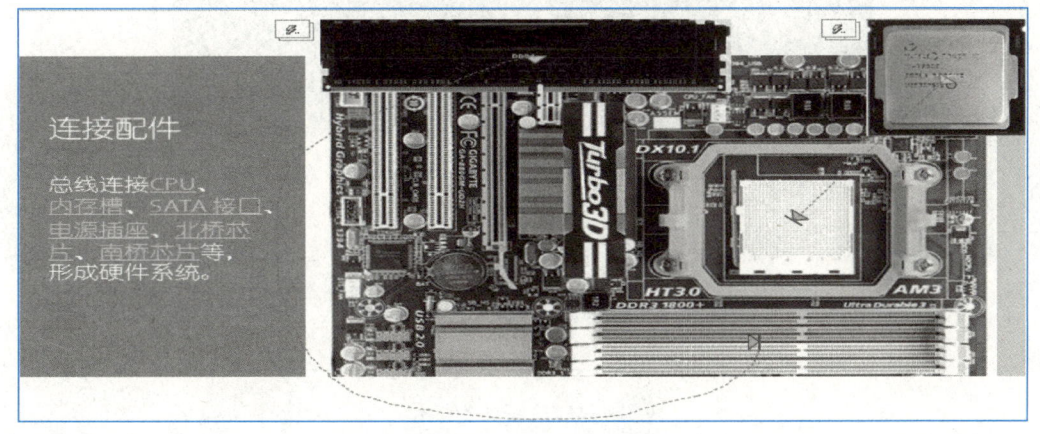

图 2-3-7 设置动画路径

六、思考题

（1）主板上有很多配件，制作相同的动画效果时，大量重复动画怎么制作？

（2）很多对象重复堆在一起时，如何快速准确地找到其中的一个对象？

（3）测试动画播放效果时，如何只播放选中对象的动画效果？

2.4　设计切割图片动画效果

一、实验目的

通过设计幻灯片，学会充分利用 PowerPoint 2019 内置的动画和表格填充功能，设计具有动画效果的切割图片，实现一幅图片不同区域的动画展示效果。

二、实验要求

（1）设计如图 2-4-1 所示的幻灯片，将图片（吉林大学.jpg）按表格形状切割成不同部分，实现不同部分依次出现相应的动画效果。

（2）设计切割图片动画效果演示文稿，保存到 E:\<教学号>\切割图片动画效果.pptx 中。

图 2-4-1　设计幻灯片

三、预备知识

　　填充是指使用纯色、渐变、图片或纹理填充选定的对象。PowerPoint 2019 中，填充分为纯色填充、渐变填充、图片或纹理填充、图案填充和幻灯片背景填充。右击填充对象的边框，在弹出的快捷菜单中选择"设置形状格式"选项，在"设置形状格式"窗格中"填充与线条"选项卡上选择填充效果。

　　（1）选择"图片或纹理填充"，在"插入图片来自"中单击"文件"按钮，找到并选中合适的图片，单击"插入"按钮即可。

　　（2）如果图片放在剪贴板上，选择"图片或纹理填充"，在"插入图片来自"中单击"剪贴板"按钮，此时存放于剪贴板中的图片就被填充到背景中。

　　（3）选项"将图片平铺为纹理"用于将一幅图片排列占满填充对象，若不选此项，则图片会拉伸到填充对象大小。

四、注意事项

　　（1）对选中对象进行隐藏或显示可以单击"开始"→"编辑"→"选择"→"选择窗格"选项，在"选择"窗格里进行显示和隐藏的切换。

　　（2）切割图像时取消组合的操作要进行两次。

五、实验步骤

1．创建演示文稿

　　（1）创建演示文稿：单击"文件"→"新建"→"空白演示文稿"按钮，创建空白演示文稿。

　　（2）调整幻灯片版式，单击"开始"→"幻灯片"→"版式"下拉按钮，选择"空白"版式。

　　（3）添加图片：单击"插入"→"图像"→"图片"按钮，从"插入图片"对话框中选择"吉林大学.jpg"文件，单击"插入"按钮，拖动图片位置并适当调整大小。

　　（4）添加文字：单击"插入"→"文本"→"文本框"按钮，在图片下方插入文本框，并输入标题（吉林大学）及介绍文字（见图 2-4-1）。依次选择标题及介绍内容，单击"开始"→"字体"和"字号"选项，将标题文字字体设置为"黑体"，字号设为 32，介绍内容设置为"仿宋"，字号设为 20 号。通过水平标尺调整介绍内容左缩进。

　　（5）画线：单击"插入"→"插图"→"形状"下拉按钮，在列表中选择直线，并将其插入到内容文字上方。单击"绘图工具"/"格式"→"形状样式"→"形状轮廓"下拉按钮，在列表中选择颜色为黑色。

　　（6）保存文件：单击"文件"→"保存"选项。在打开的"另存为"对话框中选择保存位置（如 E:\U99220101），输入文件名为"切割图片动画效果.pptx"，单击"保存"按钮。

2．切割图片

（1）添加图片：单击"插入"→"表格"→"表格"下拉按钮，插入一个 4×3 的表格。拖动调整表格大小，使其和图片大小一致，并将其覆盖在图片上方，如图 2-4-2 所示。

（2）调整表格边框：选中整个表格，单击"表格工具"/"设计"→"绘图边框"，选择笔画粗细为 1.5 磅，笔颜色为白色。单击"表格样式"→"边框"下拉按钮，选择"所有框线"，如图 2-4-2 所示。

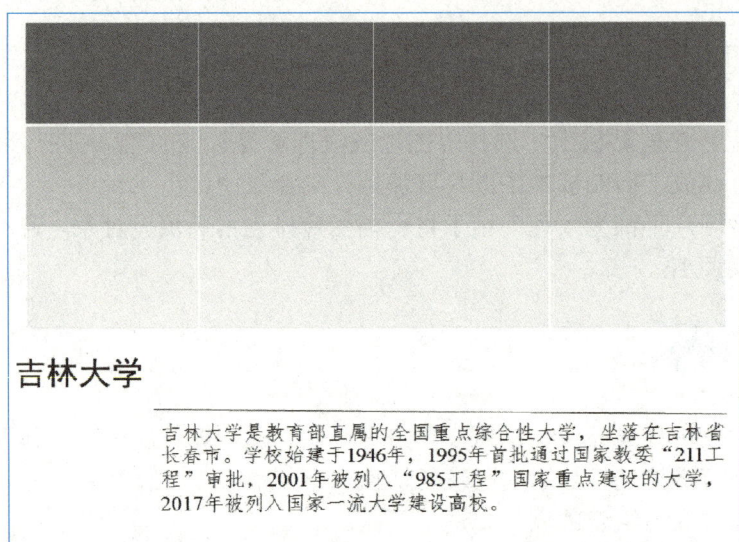

图 2-4-2 插入表格

（3）隐藏表格：单击"开始"→"编辑"→"选择"→"选择窗格"按钮，在"选择"窗格中将表格选择为不可见。选中图片，按 Ctrl+X 组合键，对图片进行剪切。

（4）用图片填充表格：将表格重新选择为可见，并选中整个表格。右击表格，在弹出的快捷菜单中选择"设置形状格式"选项，在"设置形状格式"窗格中，单击"填充"→"图片或纹理填充"，选择插入图片来自"剪贴板"，选中"将图片平铺为纹理"选项。

（5）分离图片：单击表格边框，按 Ctrl+X 组合键，再按 Ctrl+Alt+V 组合键。在"选择性粘贴"对话框中，选择"图片（增强型图元文件）"，单击"确定"按钮。右击图片，在弹出的快捷菜单中选择"组合"→"取消组合"选项，在弹出的对话框中单击"是"按钮，再次右击图片，在弹出的快捷菜单中选择"组合"→"取消组合"选项，图片变为分离的切割图片，如图 2-4-3 所示。

3．为切割图片添加动画

（1）设置切割后的图片动画效果：按 Ctrl 键，同时间隔性地选择若干切割后的图片。单击"动画"→"动画"→"其他"下拉按钮，在下拉列表中选择"强调"动画为"脉冲"。

（2）设置播放顺序：单击"动画"→"高级动画"→"动画窗格"选项。在"动画窗格"中，从下拉列表框中选择所有动画为"从上一项开始"。

（3）设置播放时间间隔：在"动画窗格"中，从上到下依次选择各个图片，依次单击图片

图 2-4-3 切割图片

下拉按钮，选择"计时"选项，在"计时"选项卡中，设置"延迟"时间依次为 0 秒、0.1 秒、0.2 秒、0.3 秒、0.2 秒、0.1 秒……为图片自由设置不同切割部分的动画延迟时间及持续时间。

4．保存文件及查看效果

单击"文件"→"保存"选项保存文件，单击"幻灯片放映"→"开始放映幻灯片"→"从当前幻灯片开始"按钮查看幻灯片播放效果。

六、思考题

（1）图片的切割还可以变为什么形状？
（2）如何设计动画效果丰富的切割图片？

2.5 设计项目动态展示幻灯片

一、实验目的

通过设计幻灯片，学会充分利用 PowerPoint 2019 内置的动画效果，设计具有丰富动画效果的项目展示幻灯片。

二、实验要求

（1）设计如图 2-5-1 所示的项目动态展示幻灯片。幻灯片播放时，首先显示左侧项目分析部分，单击项目分析部分的任意内容时，幻灯片展示右侧实施计划部分内容。

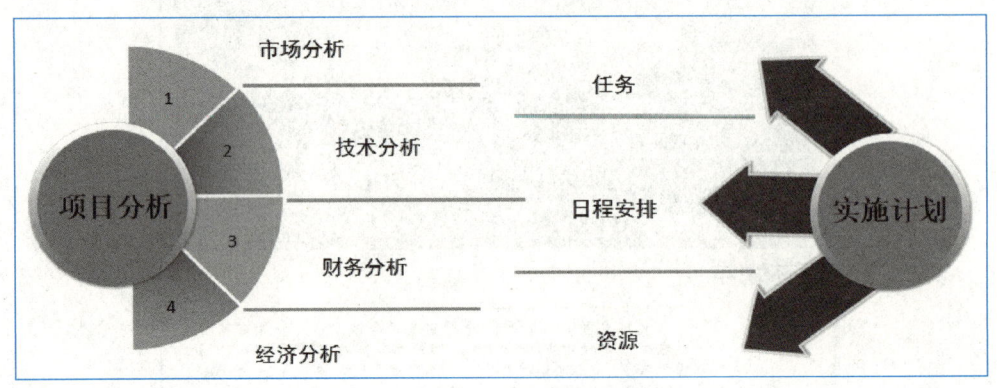

图 2-5-1　幻灯片整体设计效果

（2）将设计的幻灯片保存到 E:\<教学号>\项目动态展示.pptx。

（3）幻灯片中用到的图片素材有圆形.png、扇形 1.png、扇形 2.png 和箭头.png，如图 2-5-2 所示。

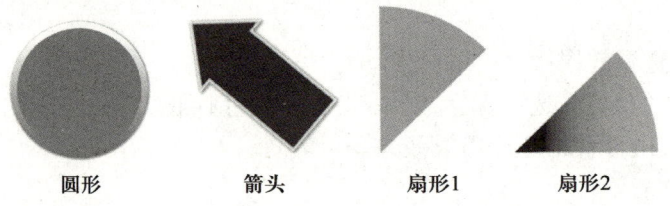

图 2-5-2　素材图片

三、预备知识

1．图片旋转

单击图片，选择图片工具中的"格式"→"排列"→"旋转"按钮，弹出的列表中有向右旋转 90°、向左旋转 90°、垂直翻转、水平翻转等选项。如果需要设置其他旋转角度，可选择其他旋转选项，旋转角度为正数时顺时针旋转，为负数时逆时针旋转。

2．动画预览

（1）在"动画窗格"中，没有选中任何对象时，单击"全部播放"按钮，可以进行所有对象动画效果的预览。此时无须进行幻灯片放映操作，即可查看全部对象的动画效果。

（2）在"动画窗格"中，选择某一单独对象时，单击"播放自"按钮，可以对此对象及其之后所有对象的动画效果进行预览。

（3）在"动画窗格"中，选择多个对象时，单击"播放所选项"按钮，可以对选中对象的动画效果进行预览。

四、注意事项

（1）组合图形需要置于顶部，置于顶部后可以遮住其余对象。

（2）为多个对象设置相同的动画效果时，在"动画窗格"中按顺序依次选中多个对象，在最下方会出现下拉按钮，展开后进行效果选项设置即可。

五、实验步骤

1. 创建演示文稿

（1）新建演示文稿：单击"文件"→"新建"→"空白演示文稿"选项，创建空白演示文稿。

（2）保存文件：单击"文件"→"保存"选项。在"另存为"对话框中，选择保存位置（如E:\U99220101），输入文件名为"项目动态展示.pptx"，单击"保存"按钮。

（3）选择空白版式：单击"开始"→"幻灯片"→"版式"下拉按钮，在下拉列表中选择"空白"版式。

（4）插入圆形图案及文字：单击"插入"→"图像"→"图片"选项，从"插入图片"对话框中选择"背景.png"文件，单击"插入"按钮。单击"插入"→"文本"→"文本框"→"绘制横排文本框"按钮，在幻灯片上单击，添加文字"项目分析"。选中文本框，选择文字字体为"宋体"，字号为24，加粗。按 Ctrl 键，同时选中图片和文本框，右击，在弹出的快捷菜单中选择"组合"选项。再右击组合的对象，在弹出的快捷菜单中选择"置于顶层"选项，完成图 2-5-3 中所示圆形部分效果。

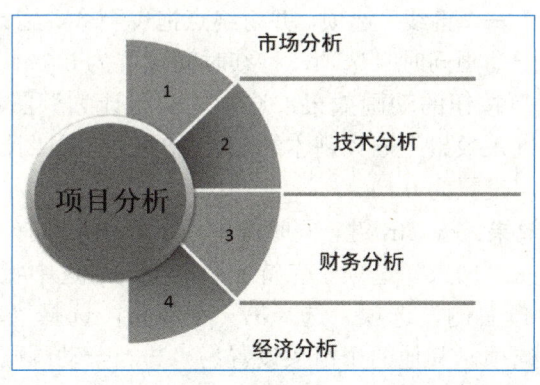

图 2-5-3 设计幻灯片

（5）插入扇形图案及数字：单击"插入"→"图像"→"图片"按钮，在"插入图片"对话框中依次选择"扇形 1.png"及"扇形 2.png"，单击"插入"按钮。选中"扇形 1.png"及"扇形 2.png"复制并粘贴。适当旋转图片，排列为图 2-5-2 中所示半圆形状。同步骤（4），依次插入 4 个文本框并输入数字 1、2、3、4，将文本框与对应的扇形进行组合。

（6）插入直线：单击"插入"→"插图"→"形状"下拉按钮，在下拉列表中选择直线并插入。单击"绘图工具"/"格式"→"形状样式"→"形状轮廓"下拉按钮，在下拉列表中选择颜色为"蓝色"，粗细为"3 磅"，在"大小"组选择宽度为 7 厘米。用同样方法，插入其他直线及文本框，设置文字字体为"黑体"，字号为 18，如图 2-5-3 中所示。

（7）插入实施计划部分图案及文字：插入"背景.png"图片。插入文本框，文字内容为"实施计划"，并和该图片进行组合，置于顶层。插入"箭头.png"图片、文本框及直线，完成整体幻灯片设计，效果如图 2-5-1 所示。

2．项目展示动画设计

（1）设置项目分析文本框动画效果：按 Ctrl 键，同时选择"市场分析"等 4 个文本框。单击"动画"→"动画"→"其他"→"更多退出效果"→"切出"选项。单击"动画"→"高级动画"→"动画窗格"按钮，选择"动画"→"动画"→"效果选项"→"到顶部"选项。

（2）设置项目分析直线动画效果：按 Ctrl 键，同时选中 3 条直线。单击"动画"→"动画"→"其他"→"退出"→"擦除"选项。保持 3 条直线同时选中状态，选择"动画"→"动画"→"效果选项"→"自右侧"选项。在"动画窗格"中，选择第 1 条直线，单击"动画"→"计时"→"开始"→"上一动画之后"选项。其他两条直线全部设置为"与上一动画同时"。

（3）设置扇形动画效果：按 Ctrl 键，同时选中 4 个扇形。单击"动画"→"动画"→"其他"→"更多退出效果"→"基本缩放"选项。在"动画窗格"中，选择第一个扇形，单击"计时"→"开始"→"上一动画之后"选项。其他扇形全部设置为"与上一动画同时"，持续时间全部设置为 0.2 s。

（4）设置"项目分析"按钮的动画效果：选择"项目分析"圆形图片，"退出"动画效果设为"基本缩放"，并设置为"上一动画之后"。选择该图片，单击"动画"→"高级动画"→"添加动画"→"动作路径"→"直线"选项，并将终点拖曳至"实施计划"图片位置。单击"计时"→"开始"→"与上一动画同时"选项，持续时间设置为 0.5 s。

（5）设置"实施计划"按钮的动画效果：选择"实施计划"图片，选择"动画"→"动画"→"其他"→"更多进入效果"→"基本缩放"选项。单击"计时"→"开始"→"上一动画之后"选项，持续时间设置为 0.1 s。

（6）设置箭头的动画效果：按 Ctrl 键，同时选中 3 个箭头，选择"动画"→"动画"→"其他"→"更多进入效果"→"切入"选项。保持 3 个箭头同时选中状态，选择"动画"→"动画"→"效果选项"→"自右侧"选项。选择第一个箭头，选择"动画"→"计时"→"开始"→"上一动画之后"选项。其他两个箭头设置为"与上一动画同时"。

（7）设置"实施计划"文本框及其水平线的动画效果：同时选中"任务""日程安排""资源"文本框及下方直线，单击"动画"→"其他"→"进入"→"擦除"选项。保持对象同时选中状态，选择"动画"→"动画"→"效果选项"→"自右侧"选项。选择第一个文本框，单击"动画"→"计时"→"开始"→"上一动画之后"选项，其他对象全部设置为"与上一动画同时"。动画效果如图 2-5-4 所示。

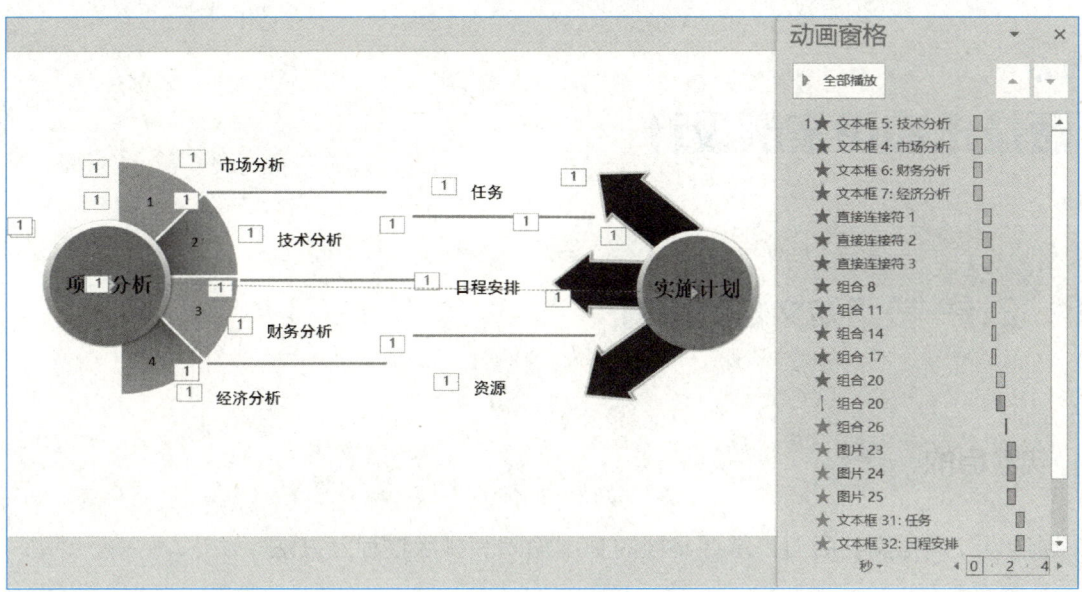

图 2-5-4　动画效果

六、思考题

（1）如何利用鼠标快捷地调整动画的开始及结束时间？

（2）如何利用鼠标快捷地调整相邻对象动画的时间延迟？

第 3 章
排版技术应用案例设计

3.1 设计一般通知文档的版面

一、实验目的

通过设计通知文档版面，掌握文档的基本输入和排版过程及方法。

二、实验要求

（1）用 Word 2019 创建、编辑"关于博士研究生入学考试期间封楼的通知"，如图 3-1-1 所示，文件名为"封楼停课的通知.docx"，保存到 E:\U<学号>文件夹中，例如 E:\U99140101。

（2）文档的标题为宋体、二号、加粗、居中，正文为宋体、三号，首行缩进 2 字符，落款单位和时间右对齐，页面使用 A4 纸。

（3）预览和打印排版后的通知文档。

三、预备知识

1. Word 2019 主界面

Word 2019 是 Office 2019 的重要组件之一，核心功能是文字处理，具有图文混排、表格处理和 Web 页设计等功能，是所见即所得的办公应用软件。

选择"开始"→"Word"选项，打开 Word 主界面，如图 3-1-1 所示。

（1）快速访问工具栏：默认有保存、撤销和恢复 3 个常用按钮，可以根据需要从下拉列表中选择更多的选项。

（2）选项卡和功能区：有"文件""开始""插入""设计""布局""引用""邮件""审阅""视图"和"帮助"选项卡。每个选项卡都有若干组的功能选项。例如，"开始"选项卡中有"字体""段落"和"样式"等组。单击各组右下角的对话框启动按钮或选项的下拉按钮，可以查看更多的选项。

（3）编辑区：Word 文档内容的输入和排版区，以所见即所得的效果显示文档内容。

2. 段落排版

（1）段落：按 Enter 键结束一个段落。当输入文字到达页面右边界时，系统自动换行。只应在段落结尾按 Enter 键。按 Shift + Enter 组合键可产生软回车（换行），但其后内容仍属于前一段。

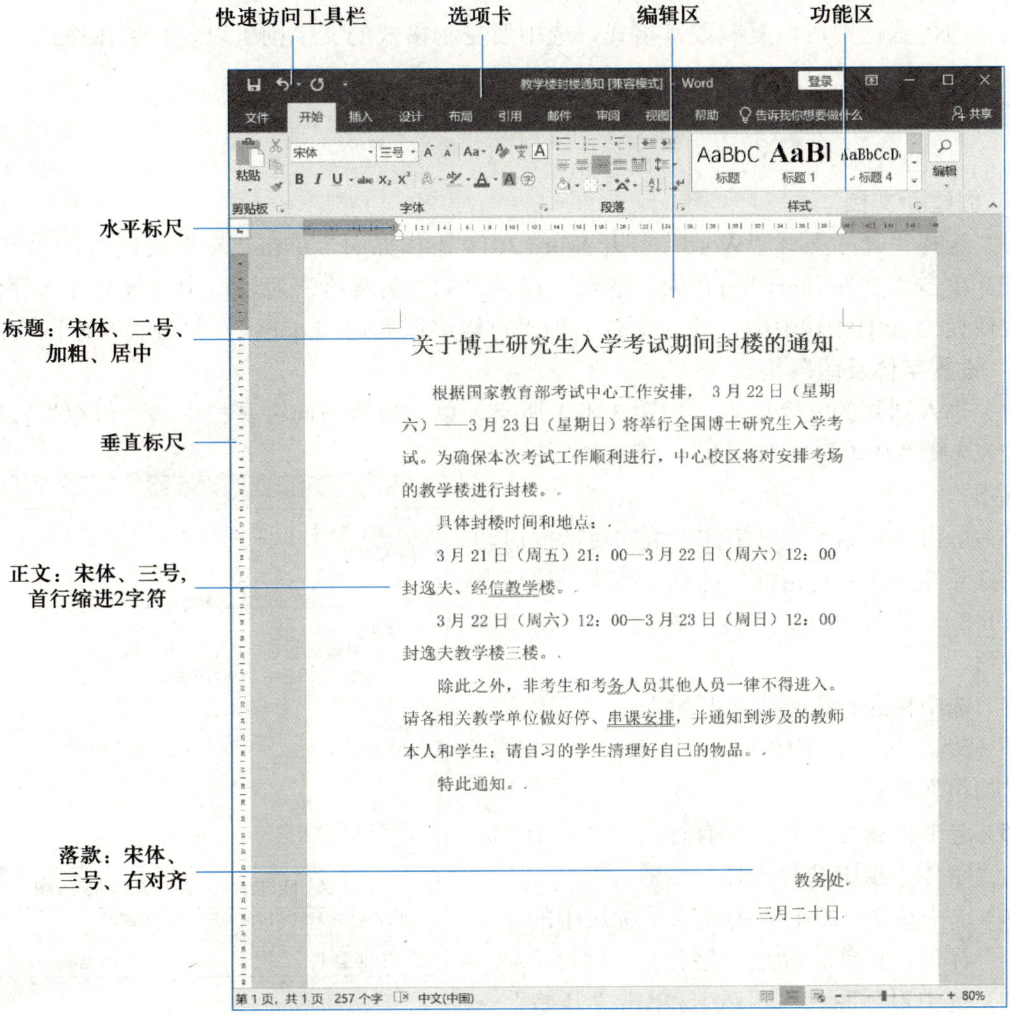

快速访问工具栏　　　选项卡　　　　　编辑区　　　　功能区

水平标尺

标题：宋体、二号、
加粗、居中

垂直标尺

正文：宋体、三号，
首行缩进2字符

落款：宋体、
三号、右对齐

关于博士研究生入学考试期间封楼的通知

　　根据国家教育部考试中心工作安排，3 月 22 日（星期六）——3 月 23 日（星期日）将举行全国博士研究生入学考试。为确保本次考试工作顺利进行，中心校区将对安排考场的教学楼进行封楼。

　　具体封楼时间和地点：

　　3 月 21 日（周五）21：00—3 月 22 日（周六）12：00 封逸夫、经信教学楼。

　　3 月 22 日（周六）12：00—3 月 23 日（周日）12：00 封逸夫教学楼三楼。

　　除此之外，非考生和考务人员其他人员一律不得进入。请各相关教学单位做好停、串课安排，并通知到涉及的教师本人和学生；请自习的学生清理好自己的物品。

　　特此通知。

教务处。

三月二十日。

图 3-1-1　Word 2019 主界面及通知案例排版设计

　　（2）对齐方式：段落与页面左、右边界间的关系。一般来说，设定的对齐方式只对段落的最后一行内容有效。常用的对齐方式有左对齐、右对齐、居中对齐、两端对齐和分散对齐 5 种。

　　（3）缩进：控制段落与页面左、右边界之间的相对位置。常用的缩进形式有首行缩进、左缩进、右缩进及悬挂缩进 4 种。中文段落内容通常首行缩进 2 字符。

四、注意事项

　　（1）对于任何一篇文档，都可以先输入文档内容，然后再进行版面设计；也可以先设计版面，随后输入文档内容。两种方法也可以交替进行。

　　（2）设置文字格式前要先选定文字；设置段落格式只需要将光标定位在段落中即可。

　　（3）可以使用格式刷复制已有的格式。格式刷位于"开始"→"剪贴板"组中。单击"格式刷"按钮仅复制一次格式，双击"格式刷"按钮则锁定格式刷，可以进行多次格式复制。单击段落中的任意位置可以复制段落格式，选中要复制格式的文字则可以复制字体格式。

五、实验步骤

1．创建新文档

（1）选择"开始"→"Word"打开 Word 2019 工作界面，单击"空白文档"。

（2）单击"文件"→"另存为"选项，在弹出的"另存为"对话框中选择文件保存位置或新建文件夹为 E:\U99140101，输入文件名为"封楼停课的通知.docx"，单击"保存"按钮。

2．设置字体及段落格式

（1）输入通知的文字内容，如图 3-1-1 所示，单击快速访问工具栏中的"保存"按钮。

（2）选择"开始"→"编辑"→"选择"→"全选"选项。

（3）单击"开始"→"字体"组的对话框启动按钮，打开"字体"对话框，选择"高级"选项卡（图 3-1-2），设置"间距"为"标准"，单击"确定"按钮。

（4）选中标题行，单击"开始"→"段落"→"居中"按钮。再在"字体"组中选择宋体、二号，单击"加粗"按钮。

（5）选中标题行以外的所有行，在"开始"选项卡的"字体"组中选择宋体、三号。

（6）选中第 2～13 行，拖动水平标尺中的"首行缩进"标识，使首行缩进 2 字符。

（7）选中最后两行（落款），单击"开始"→"段落"→"右对齐"按钮。

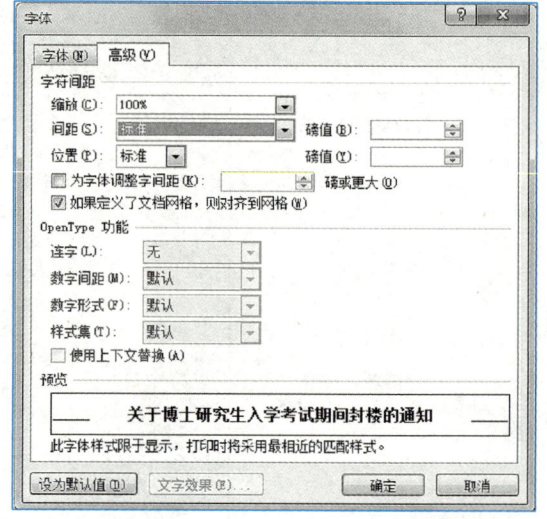

图 3-1-2　"字体"对话框的"高级"选项卡

3．设置页面

（1）选择"布局"→"页面设置"→"纸张大小"→"A4"选项。

（2）单击"文件"→"打印"选项，可以直接浏览打印效果，单击"打印"按钮可打印文档。

六、思考题

（1）在 Word 中，选中文字的方法有哪些？如何快速选中若干行连续的内容？

（2）文档中的标题序号，如①、②、（1）、（2）等，在 Word 中如何输入？

（3）在 Word 文档中，改变纸张大小后是否需要对文档重新排版？

（4）Word 中的水平标尺、垂直标尺分别能够实现哪些功能？

3.2 毕业论文的排版

一、实验目的

通过毕业论文的排版，学习设计和应用排版样式，掌握样式在排版中的设计和应用方法。

二、实验要求

（1）用 Word 创建一个毕业论文文档，文件名为"毕业论文.docx"，保存到 E:\U<学号>文件夹中，例如 E:\U99140101。

（2）毕业论文及其排版要求如图 3-2-1 所示，排版完成后为论文生成目录。

1级标题：黑体、小三号、加粗、居中，段前、段后均为0.5行

2级标题：黑体、四号、加粗、左对齐

3级标题：仿宋、小四号、左对齐

正文：宋体、小四号、左对齐，首行缩进2字符

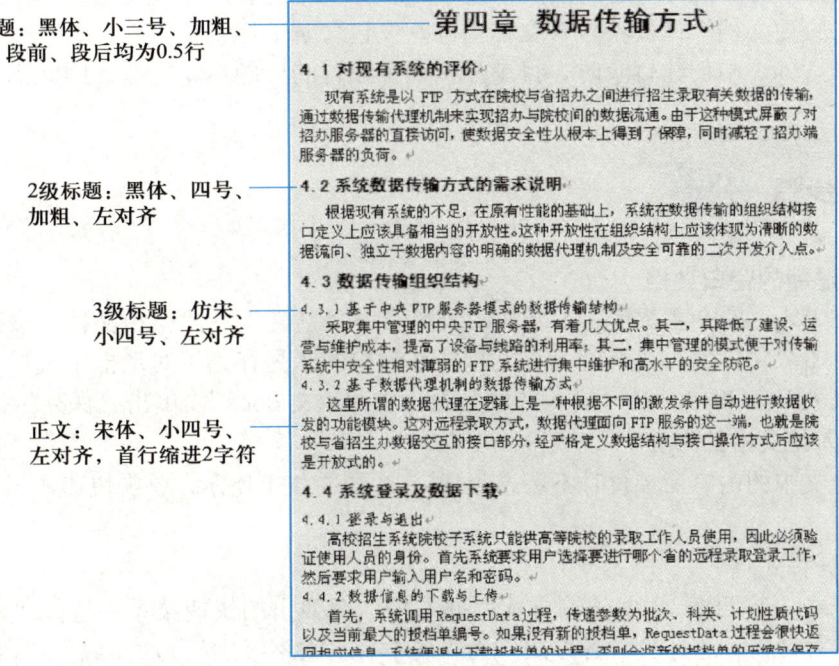

图 3-2-1 论文的排版效果

三、预备知识

1．样式设计

样式是预先设计好的排版格式（如字体、字号、字间距、对齐方式和行间距等）。通常将

文档中多次使用的排版格式设计成样式。样式分为标题样式和正文样式两种（图 3-2-2）。

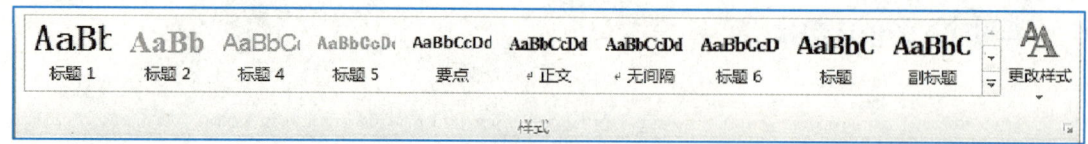

图 3-2-2　"样式"组

　　应用样式：样式可以应用到段落和文本，设置段落样式时需要将光标定位到段落中，设置文本样式时需要选中文本，然后单击"开始"→"样式"组中的样式选项即可应用样式。

　　2．目录排版

　　目录是毕业论文、图书、期刊等资料的重要组成部分，借助目录可以快速查找文档中的相关内容。在 Word 中，首先对文档进行排版，设置标题和正文等排版样式后，可以通过各级标题自动生成目录。

四、注意事项

　　（1）文档中的样式与所选的模板相关。新建 Word 文档时，首先要选择模板，通常选择"空白文档"。"空白文档"模板不包含文档内容，仅包含若干样式。

　　（2）在 Word 中创建目录时，目录按文档中设置的标题自动提取，因此需要提前设置标题的级别。

五、实验步骤

　　1．创建新的空白文档

　　（1）在 Word 2019 主界面中，单击"文件"→"新建"→"空白文档"按钮。

　　（2）单击"文件"→"另存为"选项，在弹出的"另存为"对话框中选择文件保存位置或新建文件夹为 E:\U99140101，输入文件名为"毕业论文.docx"，单击"保存"按钮。

　　2．输入论文中的内容

　　输入论文中的内容后（暂时不考虑版式），如图 3-2-1 所示，单击快速访问工具栏中的"保存"按钮。

　　3．设计样式

　　（1）选中"第四章　数据传输方式"并右击，在弹出的快捷菜单中选择"段落"选项，打开"段落"对话框，选择"对齐方式"为"居中"，"大纲级别"为"1 级"，"段前"和"段后"均为"0.5 行"，单击"确定"按钮。

　　（2）选中第一行并右击，在弹出的快捷菜单中选择"字体"选项，在弹出的"字体"对话框的"字体"选项卡中选择"中文字体"为"黑体"，"字形"为"加粗"，"字号"为"小三"，单击"确定"按钮。

　　（3）单击"开始"→"样式"→右击"标题 1"选项，在弹出的快捷菜单中选择"更新 标题 1 以匹配所选的内容"选项，用第一行的格式更新标题 1 的样式。

（4）右击"样式"组的"标题2"选项，在弹出的快捷菜单中选择"修改"选项，打开"修改样式"对话框，设置黑体、四号、加粗和左对齐等，如图3-2-3所示，单击"确定"按钮。用同样的方法修改"标题3"的样式为仿宋、小四号、左对齐。

（5）右击"样式"组的"正文"选项，从弹出的快捷菜单中选择"修改"选项，在打开的"修改样式"对话框中单击"格式"下拉按钮，在下拉列表中选择"字体"选项。在"字体"对话框的"字体"选项卡中，选择"中文字体"为"宋体"，"字形"为"常规"，"字号"为"小四"；在"高级"选项卡中，选择"间距"为"标准"，单击"确定"按钮。

（6）在"正文"样式的"修改样式"对话框中，选择"格式"→"段落"选项，在弹出的"段落"对话框的"缩进和间距"选项卡中，如图3-2-4所示进行设置。

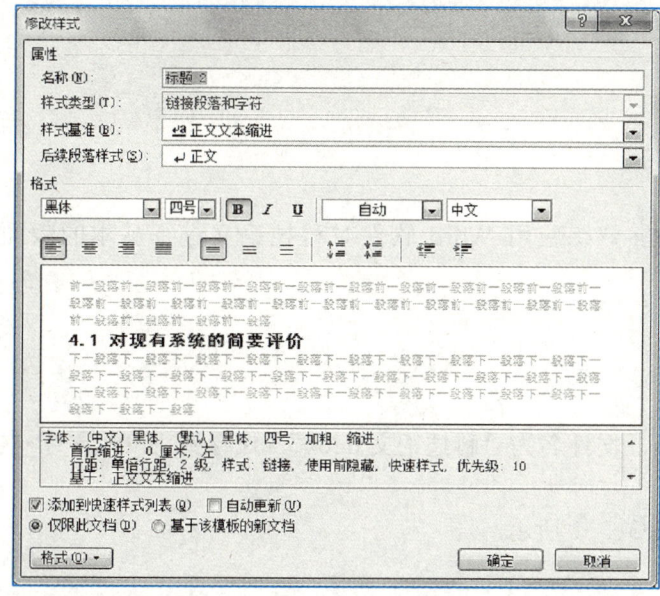

图 3-2-3　"修改样式"对话框

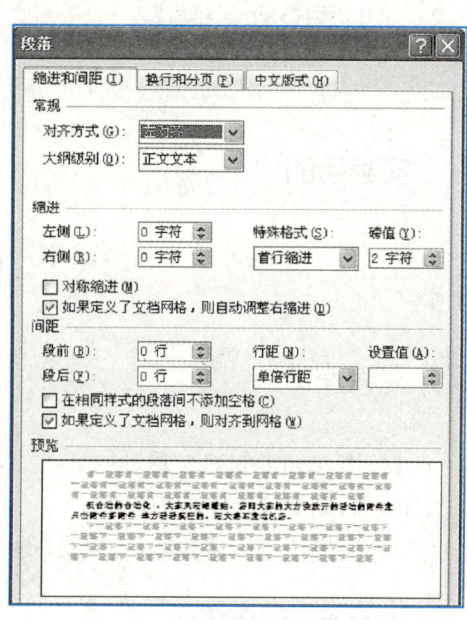

图 3-2-4　"段落"对话框的"缩进和间距"选项卡

4．应用样式排版

（1）将光标定位于某级标题段落中，如一级标题（第四章……）、二级标题（4.1、4.2 等）或三级标题（4.4.1、4.4.2 等），单击"样式"组中对应的标题名（如"标题 1""标题 2"等）即可完成标题格式设置。

（2）选中第一段的全部正文内容（"现有系统是……"），单击"样式"组中的"正文"选项，完成第一段正文的格式设置。

（3）单击"开始"→"剪贴板"组，双击"格式刷"按钮，选中其他段落中的文本内容，刷新字体和段落的格式。

5．生成目录

将光标定位到文档的结尾，选择"引用"→"目录"→"目录"→"自动目录 1"选项，单击"确定"按钮，系统自动生成文档目录。

六、思考题

（1）修改后的样式该如何保存？是否可以将文档中的内容保存在模板中？再次新建文档时如何使用之前保存的样式？

（2）生成目录后，如果修改了文档的内容，是否需要调整目录中的内容？如何调整？生成目录时为何要在文档末尾插入新页？能否直接在文档的开始位置创建目录？

3.3 科技论文的排版

一、实验目的

掌握科技论文的基本排版要求，能够熟练应用 Word 软件对科技论文进行基本的版面设计。

二、实验要求

（1）用 Word 创建一篇科技论文文档，文件名为"科技论文.docx"，保存到 E:\U<学号>文件夹中，例如 E:\U99140101。

（2）科技论文内容及其排版要求如图 3-3-1 所示。

三、预备知识

1．图表的标注排版

图片的标注放置在图片下方，表格的标注放置在表格上方。标注居中，汉字用宋体，数字和英文用 Times New Roman 字体，罗马字用 Symbol 字体，小五号。

2．参考文献标注排版

参考文献标注通常在引用的内容后用方括号表示，将方括号和序号设计成上标、Times New Roman 字体、五号，文献按序号在参考文献中列出。例如，吉林大学[1]公共计算机教学与研究中心[2]。

3．参考文献排版

参考文献的作者为 3 人以内时，必须完整书写 3 人的姓名；超过 3 人时，其后加"，等"。参考文献的基本格式如图 3-3-2 所示。

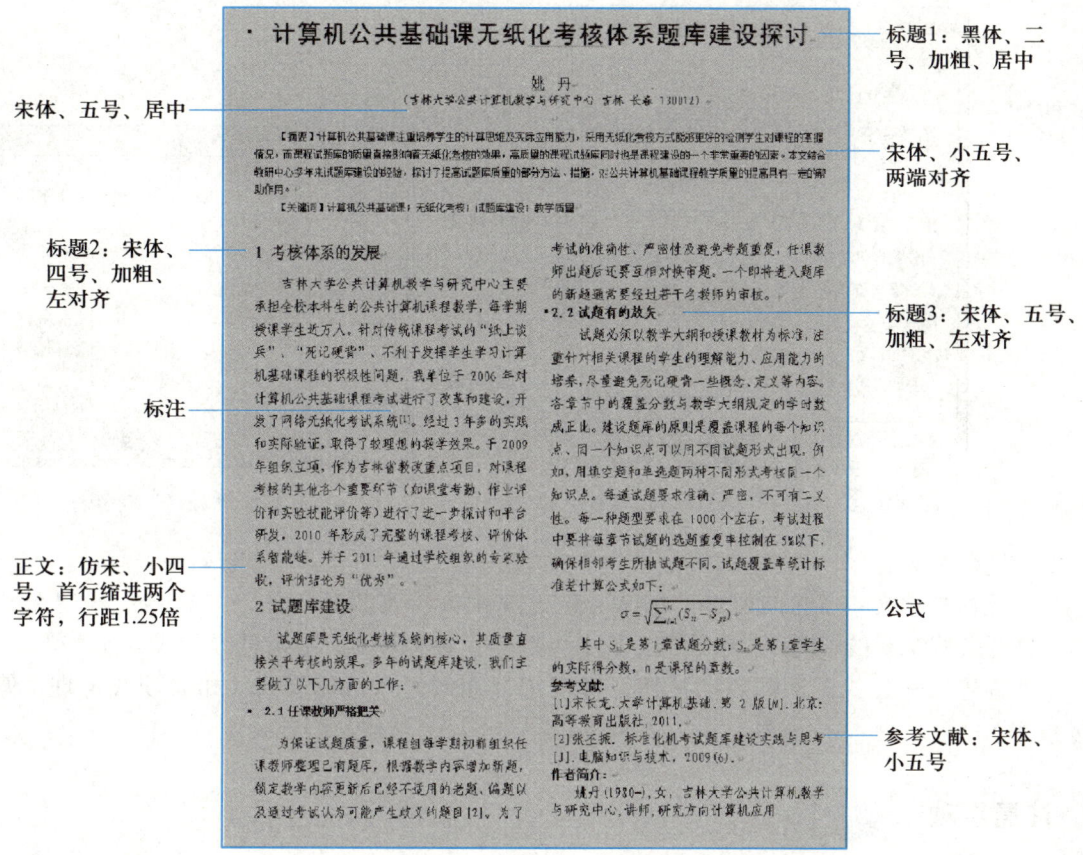

图 3-3-1　科技论文的排版效果

参考文献：
[1] 期刊：作者. 题目[J]. 刊名, 年份, 卷数（期数）:起止页.
[2] 专著：作者. 书名[M]. 出版地: 出版社, 出版年份.
[3] 电子文献：作者. 题目[EB/OL]. [出版年、月、日]. 访问路径.

图 3-3-2　参考文献的基本格式

4．脚注与尾注排版

针对文档中的内容可以添加注释说明。Word 中的注释有脚注和尾注两种。脚注放置在文档内容页下方、页脚上方，其内容用一条短横线和正文分隔；尾注通常放置在节的末尾，也可放置在整篇文档的结尾。在 Word 2019 中，要添加脚注或尾注，可单击"引用"→"脚注"组的对话框启动按钮，在弹出的"脚注和尾注"对话框中进行设置，如图 3-3-3 所示。

5．分栏排版

分栏是论文常见的排版格式，通常论文的正文部分按两栏排版。要使用分栏功能，首先选中需要分栏的内容，然后选择"布局"→"页面设置"→"栏"→"更多栏"选项，打开"分栏"对话框（图 3-3-4），设置栏数、栏宽、栏间距和分隔线等选项。

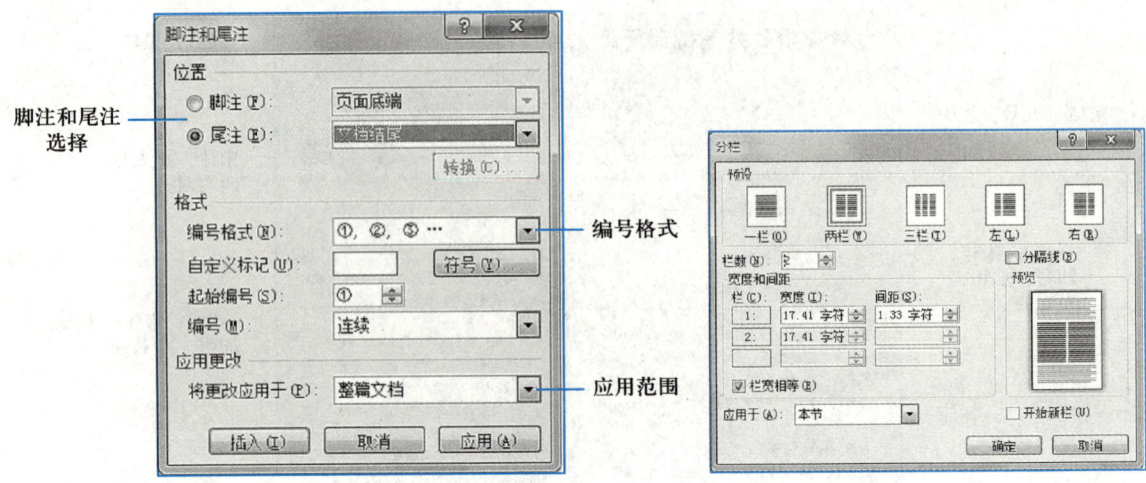

脚注和尾注选择

编号格式

应用范围

图 3-3-3 "脚注和尾注"对话框   图 3-3-4 "分栏"对话框

6．公式排版

公式是科技论文中常见的内容。在 Word 2019 中，单击"插入"→"符号"→"公式"按钮，打开公式工具的"设计"选项卡，从中可以选择各种符号、结构进行公式设计。单击"插入"→"符号"→公式对话框启动按钮，可以选择插入一些常见公式（如二项式定理、傅立叶级数等）。

四、注意事项

（1）不同的杂志对科技论文的排版要求略有不同，投稿前需要查阅所投杂志的具体要求。

（2）科技论文的引文通常标注在参考文献中，需要给出引文的页码；论文中的注释通常采用尾注形式；脚注更多地应用在译著中。

（3）分栏的应用范围可为本节、所选内容或整篇文档。通常，科技论文针对正文部分进行分栏，常见设置为两栏、栏宽相等。

五、实验步骤

1．创建新的空白文档

（1）在 Word 2019 主界面中，单击"文件"→"新建"→"空白文档"按钮。

（2）单击"文件"→"另存为"选项，在弹出的"另存为"对话框中选择文件保存位置或新建文件夹为 E:\U99140101，输入文件名为"科技论文.docx"，单击"保存"按钮。

2．输入论文内容

输入论文中的文字内容后（暂时不考虑版式），单击快速访问工具栏中的"保存"按钮。

3．公式排版

将光标定位于需要插入公式的位置，单击"插入"→"符号"→"公式"，选择"Office.com中的其他公式"中的分数指数 $a^{1/n} = \sqrt[n]{a}$，选中 $a^{1/n}$，插入符号 σ；单击选中 $\sqrt[n]{a}$ 中的 n，将其删除，单击选中 $\sqrt[n]{a}$ 中的 a ，将其删除，单击"设计"→"结构"→"大型运算符"，选择示例中对应的"求和"，输入相关内容。

4．设置论文格式

（1）标题：将光标定位到标题行，单击"开始"→"段落"组的对话框启动按钮，打开"段落"对话框，设置"对齐方式"为"居中"，设置"大纲级别"为"1 级"；选中标题行文字，在"开始"→"字体"组中设置字体为"黑体"，字号为"二号"，字形为"加粗"效果。

（2）作者：选中作者行内容，单击"开始"→"段落"→"居中"按钮；在"字体"组中设置字体为"宋体"，字号为"小四"。

（3）单位：选中作者单位行内容，单击"开始"→"段落"→"居中"按钮；在"字体"组中设置字体为"宋体"，字号为"五号"。

（4）摘要及关键词：选中"摘要"文字，在"字体"组中设置"宋体""小五""加粗"效果。选中摘要后的文字内容，单击"开始"→"字体"组的对话框启动按钮，打开"字体"对话框，选择字体为"宋体"，字号为"小五"。用同样的方法设置关键词的版式。

（5）文档中的标题：选中标题"1 考核体系的发展"，单击"开始"→"段落"组的对话框启动按钮，打开"段落"对话框，选择"对齐方式"为"左对齐"，设置"大纲级别"为"2 级"；在"字体"组中设置"宋体""四号""加粗"效果。其他标题按同样方法操作。

（6）文档正文：选中文档的正文部分，单击"开始"→"字体"组的对话框启动按钮，打开"字体"对话框，选择"仿宋""小四号"；单击"开始"→"段落"组的对话框启动按钮，打开"段落"对话框，选择"行距"为"多倍行距"，设置值为"1.25"，选择"对齐方式"为"两端对齐"，"特殊格式"为"首行缩进"，"磅值"为"2 字符"，如图 3-3-5 所示。

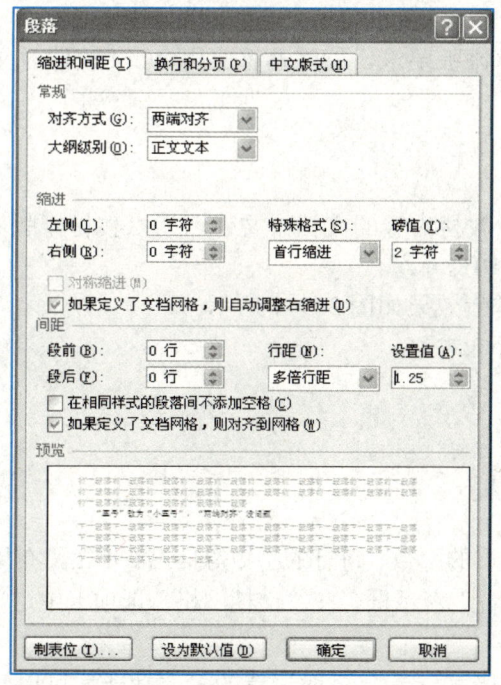

图 3-3-5 "段落"对话框

5．添加标注

将光标定位于论文正文第一段的"网络无纸化考试系统"后，输入"[1]"。选中该内容后右击，在弹出的快捷菜单中选择"字体"选项，打开"字体"对话框，选择"字体"选项卡，在"效果"选项组中选中"上标"复选框，在"西文字体"下拉列表框中选择 Times New Roman，单击"确定"按钮，关闭"字体"对话框。

6．分栏设置

选中论文的正文部分，选择"布局"→"页面设置"→"栏"→"更多栏"选项，打开"分栏"对话框，选择"两栏"选项，单击"确定"按钮。

六、思考题

（1）某些期刊中，通讯作者放在论文第一页的脚注位置，这样的排版效果如何实现？

（2）论文中的标题只需设置字体、字号、居中等即可达到版面设计的要求，在"段落"对话框中将其"大纲级别"设为"1 级"，这样的设置有意义吗？

3.4　图书及教材的排版

一、实验目的

掌握图书及教材的基本排版要求，能够熟练应用 Word 软件对文字进行基本的版面设计。

二、实验要求

（1）用 Word 创建一个教材内容的文档，文件名为"教材排版.docx"，保存到 E:\U<学号>文件夹中，例如 E:\U99140101。

（2）教材文档内容及排版效果如图 3-4-1 所示。

（3）在文档中添加图片和表格。

三、预备知识

1．页面设置

排版中通常需要指定每页的行数、每行的字数等信息。单击"布局"→"页面设置"组的对话框启动按钮，打开"页面设置"对话框，在"文档网格"选项卡中进行设置，如图 3-4-2 所示。

2．分节

分节是 Word 中的一种版式设置，页面设置的多个功能均可以将应用范围选择为"本节"。例如，图 3-4-2 所示"文档网格"选项卡的"应用于"选项。长文档通常由多章内容构成，按文档内容的章或节来分节，之后可以按节设置奇偶页的页眉与页脚，使其内容不同。

2级标题：幼圆,小二号,
浅蓝色,加粗,居中,段前、
段后均为24磅,行距为最
小值15.7磅

4级标题：华文行楷,
四号,浅蓝色,两端对
齐,段前6磅，段后
0.5行,1.25倍行距

页眉内容：插入
页码，输入标题

3级标题：宋体，小三
号，浅蓝色，居中，
段前、段后均为12磅,
行距为最小值15.7磅

正文：宋体，五号，
首行缩进两个字符

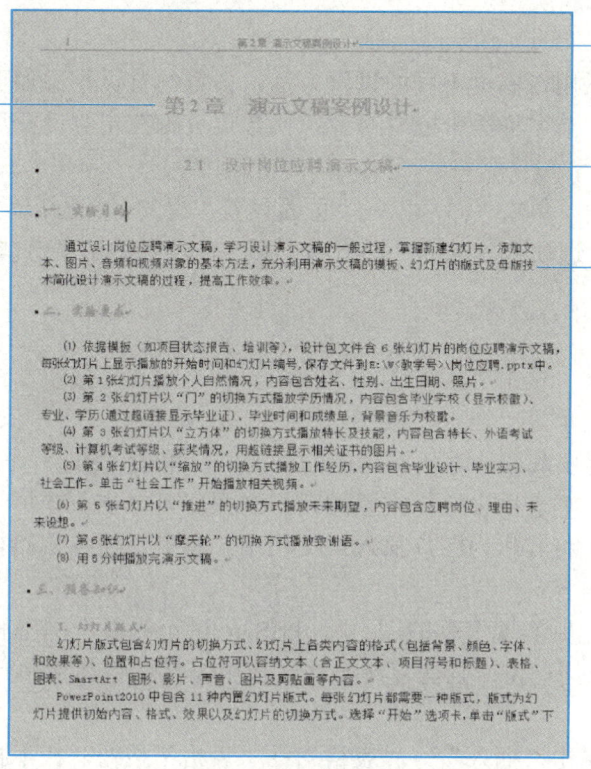

图 3-4-1　教材文档排版效果

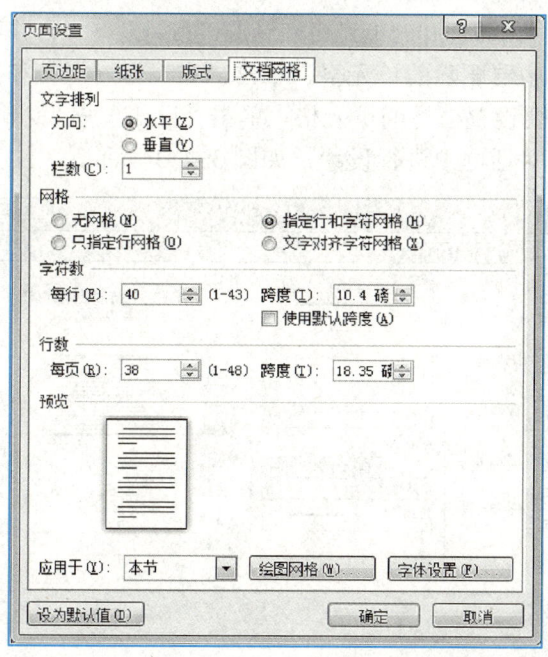

图 3-4-2　"页面设置"对话框中的"文档网格"选项卡

分节方法：将光标定位于需要分节处，单击"布局"→"页面设置"→"分隔符"按钮，在下拉列表中选择分节符类型，如"下一页""连续"等。

3．页眉与页脚

文档的页眉通常采用奇偶页不同的设置方法，各章的首页不添加页眉。奇数页页脚通常在右侧设置页码，页眉中节名称居中或右对齐；偶数页页脚在左侧设置页码，页眉中章标题居中或左对齐。

要设置页眉与页脚，单击"布局"→"页面设置"组的对话框启动按钮，打开"页面设置"对话框，选择"版式"选项卡，选中"页眉和页脚"选项组中的"奇偶页不同"及"首页不同"复选框。

4．插入图片

（1）插入图片文件：单击"插入"→"插图"→"图片"按钮，在弹出的"插入图片"对话框中选择图片文件后单击"插入"按钮。

（2）屏幕截图：需要截取计算机屏幕中的画面时，单击"插入"→"插图"→"屏幕截图"按钮，在"可用视窗"列表框中选择完整的窗口画面即可；也可选择"屏幕剪辑"选项，拖动选择屏幕的部分区域，将其作为图片插入到文档中。有多个任务窗口打开时，屏幕剪辑自动选取上一个活动窗口的内容。

（3）通过复制、粘贴实现屏幕截图：按 PrtScn 键可将整个屏幕画面复制到剪贴板中，按 Alt+PrtScn 键可将当前活动窗口画面复制到剪贴板中，然后将其粘贴到文档中做进一步处理。

5．表格

（1）创建表格：单击"插入"→"表格"→"表格"按钮，在下拉列表中拖动鼠标选择表格大小，则所选的表格即出现在文档光标所在位置。

（2）合并单元格：选中需要合并的单元格，单击"布局"→"合并"→"合并单元格"按钮。

（3）删除单元格：选中要删除的单元格，单击"布局"→"行和列"→"删除"按钮。

（4）表格框线：选中要设置框线的单元格，单击"设计"→"边框"组的对话框启动按钮，在弹出的"边框和底纹"对话框中进行设置，如图 3-4-3 所示。

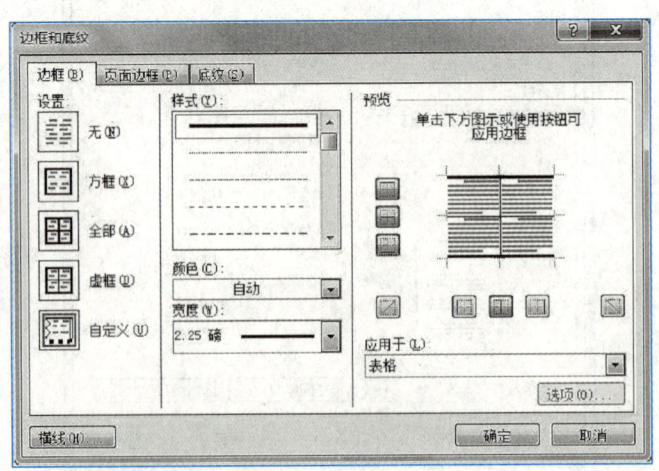

图 3-4-3 "边框和底纹"对话框

四、注意事项

（1）组合可以使多个对象成为一个整体，参与组合的对象不能是"嵌入型"的文字环绕。

（2）右击组合对象，在弹出的快捷菜单中选择"组合"→"取消组合"选项，可以将组合的对象分离出来。需要注意的是，文字环绕为"嵌入型"的组合对象不能取消组合。

（3）光标指向表格时，表格的左上角会出现一个选择标志（⊞），单击该标志可以选中表格中的全部内容；光标指向表格的分隔线，变为分隔形状时，拖动鼠标可以改变单元格的高度或宽度。

（4）书稿的页眉设置为奇偶页内容不同时，本实验可以按照第 3 级标题对书稿进行分节，分节类型选择"连续"即可。由于实验中给出的书稿文字内容较少，页眉设置中没有遵循章首页不加页眉、偶数页章标题、奇数页节标题的习惯做法。

五、实验步骤

1．创建新的空白文档
（1）在 Word 主界面中，单击"文件"→"新建"→"空白文档"按钮。

（2）单击"文件"→"另存为"选项，在弹出的"另存为"对话框中选择文件保存位置或新建文件夹为 E:\U99140101，输入文件名为"教材排版.docx"，单击"保存"按钮。

2．输入教材内容
输入教材中的内容后（暂时不考虑版式），单击快速访问工具栏中的"保存"按钮。

3．页面设置
单击"布局"→"页面设置"组的对话框启动按钮，在"页面设置"对话框的"版式"选项卡中选中"奇偶页不同"复选框；在"文档网格"选项卡的"网格"选项组中选中"指定行和字符网格"单选按钮，在"每行"数值框中输入 40，在"每页"数值框中输入 38。

4．页眉与页脚设置
双击文档第一页的页眉区，将光标置于页眉区中，选择"插入"→"页眉和页脚"→"页码"→"页面顶端"→"普通数字 1"格式插入页码，在页码后输入书稿本章的标题"第 2 章　演示文稿案例设计"，在章标题和页码之间插入若干空格，单击"开始"→"段落"→"文本左对齐"按钮，调整页码和章标题之间的空格数，使得章标题文字位于页眉的中央。

用同样的方法添加偶数页页眉，使用"文本右对齐"方式，章标题在页眉中间，页码居右。

5．文档排版
（1）修改标题 2 样式：右击"开始"→"样式"→"标题 2"选项，在弹出的快捷菜单中选择"修改"选项，在弹出的"修改样式"对话框中设置幼圆，小二号，浅蓝色，加粗，居中，段前、段后均为 24 磅，行距为最小值 15.7 磅。

（2）修改其他样式：用同样的方法修改标题 3 的样式为宋体，小三号，浅蓝色，居中，段前、段后均为 12 磅，行距为最小值 15.7 磅；修改标题 4 的样式为华文行楷，四号，浅蓝色，两端对齐，段前 6 磅，段后 0.5 行，1.25 倍行距；修改正文的样式为宋体，五号，首行缩进两个字符。

（3）应用样式排版：将光标置于标题行，选择"开始"→"样式"→"标题 2"选项，设置章标题的格式。同样为其他标题选择相应的样式，为正文选择"正文"样式。

6. 插入屏幕截图

在文档中插入"页面设置"对话框的截图（见图 3-4-2）。单击"布局"→"页面设置"组的对话框启动按钮，打开"页面设置"对话框，选择"文档网格"选项卡，按如下步骤操作。

（1）复制窗口：按 Alt+PrtScn 组合键。

（2）粘贴窗口：关闭"页面设置"对话框，将光标定位于文档中需要放置图片的位置，单击"开始"→"剪贴板"→"粘贴"按钮。

（3）设置图片版式：右击图片，在弹出的快捷菜单中选择"大小和位置"选项，打开"布局"对话框（见图 3-4-4），选择"文字环绕"选项卡，选择环绕方式为"上下型"，单击"确定"按钮。

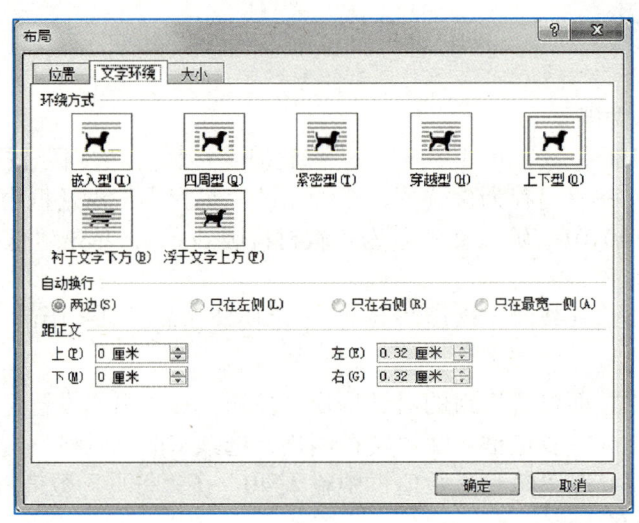

图 3-4-4　"布局"对话框

（4）为图片添加说明：选择"插入"→"文本"→"文本框"→"简单文本框"选项，插入文本框，在文本框中输入文字"图 3-4-2'页面设置'对话框中的'文档网格'选项卡"。选定文字后右击，在弹出的快捷菜单中选择"字体"选项，打开"字体"对话框，设置"中文字体"为"宋体"，"字号"为"小五"，"字体颜色"为浅蓝色，单击"确定"按钮。右击文本框的边框，在弹出的快捷菜单中选择"设置形状格式"选项，打开"设置形状格式"对话框（见图 3-4-5），选中"线条颜色"选项，在右侧窗格中将"颜色"设为白色，单击"关闭"按钮。

（5）组合对象：拖动文本框到图片的下方，按住 Ctrl 键再选中图片，右击图片，在弹出的快捷菜单中选择"组合"→"组合"选项，则所选文本框和图片组合成为一个操作对象。

（6）重新设定图片的环绕方式：右击组合后的图片，在弹出的快捷菜单中选择"其他布局选项"，打开"布局"对话框，在"文字环绕"选项卡中设置组合后图片的文字环绕效果，例如"四周型"，单击"确定"按钮。

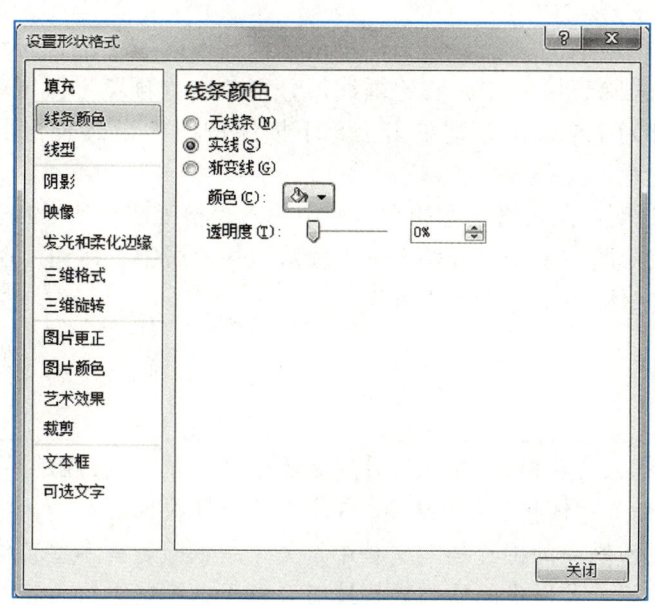

图 3-4-5　"设置形状格式"对话框

7. 插入、调整表格

（1）插入表格：单击"插入"→"表格"→"表格"按钮，拖动选择所需要的表格大小，例如 4×6，即创建 4 列 6 行的表格。

（2）合并单元格：拖动选定第 1 列的第 3、4 单元格，右击所选单元格，在弹出的快捷菜单中选择"合并单元格"选项，用同样的方法合并第 1 列第 5、6 单元格。

（3）设置单元格文字的对齐方式：选中要设置对齐方式的单元格，例如选中标题行中的全部单元格，右击所选单元格，在弹出的快捷菜单中选择"单元格对齐方式"选项，选择对齐方式，例如"水平居中"。

（4）输入表格内容：按图 3-4-6 中的内容输入表格数据。

表 9.2.1　程序中各对象的属性值

对象名称	属性/事件	属性值/事件代码	说明
Form1	Caption	方法应用	窗体标题
Command1	Caption	输出	提示文字
	Click 事件	Print "*" Print "* *" Print "* * *"	
Command2	Caption	清除	提示文字
	Click 事件	Cls	

图 3-4-6　表格制作示例

（5）设置表格框线：选中表格，单击"设计"→"边框"组的对话框启动按钮，打开"边框和底纹"对话框，在"边框"选项卡中的"样式"列表框中选择线型，在"颜色""宽度"

下拉列表框中选择表格边框的颜色、粗细，单击"预览"区域中的各种线型按钮可以添加或去除所选线条。本例去除表格的左、右边框线，分别单击"预览"区域中的左、右竖线按钮即可；将线条宽度设为 1.5 磅，分别单击上、下横线按钮，设置表格上、下边框为粗线的效果。

（6）为表格添加说明：在表格上方的空白行中输入表格说明"表 9.2.1　程序中各对象的属性值"，选中输入的表标题，单击"开始"→"段落"→"居中"按钮。在"开始"→"字体"组中，设置字体为"宋体"，字号为"小五"。

六、思考题

（1）在 Word 中插入图片时，"插入图片"对话框中"插入"按钮的下拉列表中有"插入""链接到文件"和"插入和链接"3 个选项，3 个选项有什么区别？

（2）如何将纸质印刷品的图片插入文档中？关于版权问题有哪些工作要做？

（3）单击快速访问工具栏中的绘制表格按钮可以手工绘制表格（若快速访问工具栏中没有绘制表格按钮，可以单击快速工具栏右侧的自定义快速访问工具栏按钮，在下拉列表中选择"绘制表格"选项）。如何使用绘制表格的方法实现如图 3-4-6 所示的表格设计？

3.5　汉语字典的排版

一、实验目的

了解汉语字典的基本排版常识，掌握为文字添加拼音的基本方法，能够应用 Word 软件对汉语字典进行基本的版面设计。

二、实验要求

（1）用 Word 创建汉语字典内容的文档，文件名为"汉语字典.docx"，保存到 E:\U<学号>文件夹中，例如 E:\U99140101。

（2）按字典排版格式对文档内容进行排版，要求如下。

① 每个要解释的汉字首字下沉两行。

② 所解释汉字的异体字或繁体字列在汉字后的括号中，字号略小于所解释的汉字。

③ 单独为所解释的汉字或词语添加拼音，放在解释内容前。

④ 解释汉字的条目使用反显带圈数字添加序号。

⑤ 页面内容分两栏，栏间用实线分隔。

（3）字典内容及排版效果如图 3-5-1 所示。

图 3-5-1　字典内容及排版效果

三、预备知识

1. 首字下沉

首字下沉属于段落格式。将光标定位在需要首字下沉的段落中，选择"插入"→"文本"→"首字下沉"→"首字下沉选项"，打开"首字下沉"对话框（见图 3-5-2），在"位置"选项组中选择"下沉"选项，在"选项"组中设置"字体""下沉行数"等内容。

图 3-5-2　"首字下沉"对话框

2. 拼音

为汉字添加拼音，需要先选中汉字。例如，输入并选中文字"计算机教学"，可以为其添加如下 3 种格式的拼音。

（1）在汉字上方标注拼音：单击"开始"→"字体"→"拼音指南"按钮，打开"拼音指南"对话框（见图 3-5-3），直接单击"确定"按钮，则添加的拼音效果为"计算机教学"。

（2）在汉字后单独标注拼音：选中刚才标注拼音的文字后右击，在弹出的快捷菜单中选择"复制"选项，在需要插入单独标注拼音的位置右击，在弹出的快捷菜单中选择"粘贴选项"中的只保留文本选项，得到"计(jì)算(suàn)机(jī)教(jiào)学(xué)"。

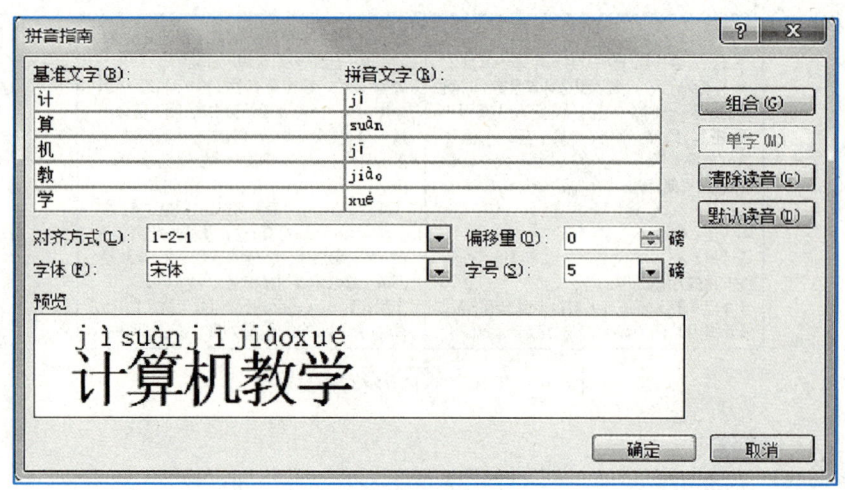

图 3-5-3　"拼音指南"对话框

（3）在汉字后整体标注拼音：在"拼音指南"对话框中，先单击"组合"按钮，再单击"确定"按钮，添加上方标注拼音后，选中添加了拼音的文字并右击，在弹出的快捷菜单中选择"复制"选项，在需要插入整体标注拼音的位置右击，在弹出的快捷菜单中选择"粘贴选项"中的只保留文本选项，则得到内容"计算机教学(jìsuànjījiàoxué)"。

3．多字的下沉

字典中通常会列出一个字的异体字或繁体字，其格式与首字相同，通常比首字字号略小。将光标定位于下沉的首字之后，直接输入所解释汉字的异体字或繁体字，即可实现多字下沉的效果。单独选中异体字或繁体字，可以为其设置字体、字号，使其略小于首字。

4．字典中的带圈数字

字典中的带圈数字为反向显示效果，即数字为白色而圆圈内部填充黑色。例如，解释条目中的❶、❷等。其排版方式为输入带圈数字对应的 4 位十六进制数字，之后选中该 4 位数字，按 Alt+X 组合键进行切换。例如，2776 可以转换为❶，277A 可以转换为❺，1～10 带圈数字的编码依次为 2776，2777，…，277F。

四、注意事项

（1）要输入解释条目中出现的符号"～""｜"等内容，选择"插入"→"符号"→"符号"→"其他符号"选项，在打开的"符号"对话框的"符号"选项卡中，选择"字体"为"（普通文本）"，"子集"为"半角及全角字符"，相应的符号可在对话框中部的列表框中查到。

（2）字典中出现的标点符号，除句号为中文格式的全角标点符号外，其他都采用英文半角符号。解释的词语放在一对方头括号（【 】）中。

（3）在"分栏"对话框中，选中"分隔线"复选框，可以在栏间添加分隔竖线。

五、实验步骤

1．创建新的空白文档

（1）在 Word 主界面中，单击"文件"→"新建"→"空白文档"按钮。

（2）单击"文件"→"另存为"选项，在弹出的"另存为"对话框中选择文件保存位置或新建文件夹为 E:\U99140101，输入文件名为"汉语字典.docx"，单击"保存"按钮。

2．输入字典内容

输入汉语字典内容（暂时不考虑版式），如图 3-5-4 所示，单击快速访问工具栏中的保存按钮。

```
计 计算:核~|共~|不~其数|数以万~。 测量或计算度数、时间等的仪器:~时|体
温~|血压~|晴雨~。 主意;策略;计划:~策|巧~|缓兵之~|眉头一皱,~上心
来|百年大~。做计划;打算:设~|为加强安全~,制定了工厂保卫条例。 计较;考虑:
不~成败|无暇~及。姓。
【计策】为对付某人或某种情势而预先安排的方法或策略。
【计程车】<方>小型出租汽车。
【计算机】能进行数字运算的机器。有的用机械装置做成,如手摇计算机;有的用电子元件
做成,如电子计算机。
算 计算数目:珠~|笔~|心~|预~。计算进去:明天赛球~我一个。谋划;计划:失~|
打~|~盘|暗~|~计。推测:我~他今天该动身了。
【算计】 计算数目:数量之多,难以~。考虑;打算:这件事慢一步办,还得~~。估计:
我~他今天回不来,果然没回来。暗中谋划损害别人:被人~。
【算式】 进行数（或代数式）的计算时,所列出的式子,分为横式和竖式两种。
```

图 3-5-4　汉语字典文档中的内容

3．版式设置

（1）为单字添加拼音：选中第一段开始的"计"字，单击"开始"→"字体"→"拼音指南"按钮，直接单击打开的"拼音指南"对话框中的"确定"按钮。右击"计"，在弹出的快捷菜单中选择"复制"选项，再从快捷菜单中选择"粘贴选项"中的只保留文本选项，粘贴结果为"计计(jì)"，删除多余的内容即可。

（2）为词条添加拼音：选中词条"计策"，单击"开始"→"字体"→"拼音指南"按钮，在打开的"拼音指南"对话框中，先单击"组合"按钮，再单击"确定"按钮，然后按步骤（1）中的复制、粘贴方法为词条添加拼音。

（3）设置首字下沉：将光标定位在第一段，选择"插入"→"文本"→"首字下沉"→"首字下沉选项"，在打开的"首字下沉"对话框中选择"下沉"选项，设置下沉行数为两行，单击"确定"按钮。用同样的方法为"算"字设置首字下沉。

（4）为单字解释添加序号：将光标定位于第一段中的单词"计算"前，输入数字 2776 并选中，按 Alt+X 组合键，则数字 2776 转换为❶；将光标定位于"测量"前，输入数字 2777 并选中，按 Alt+X 组合键，则数字 2777 转换为❷，其他数字的输入依此类推。为"算"字的解释添加序号时也可以使用复制、粘贴的方法。

（5）设置分栏：选中文档中的全部文字内容，选择"布局"→"页面设置"→"分栏"→"更多分栏"选项，在"分栏"对话框的"预设"选项组中选择"两栏"选项，选中"分隔线"复选框，单击"确定"按钮。

六、思考题

（1）在 Word 文档中，如何快速输入一个汉字的繁体字字形？异体字能够输入吗？
（2）字典的页眉都有哪些特点？怎样设计字典的页眉？

3.6　海报的排版

一、实验目的

了解常见宣传海报的基本排版要求，能够应用 Word 2019 中的模板实现宣传海报的基本版面设计。

二、实验要求

（1）用 Word 创建一个篮球赛海报文档，文件名为"篮球赛海报.docx"，保存到 E:\U<学号>文件夹中，例如 E:\U99140101。
（2）使用 Word 的"高校篮球热身赛海报"模板，对文字进行简单修改后实现海报要求（图 3-6-1）。

图 3-6-1　海报效果

三、预备知识

1．海报、广告的排版工具

平面广告通常由部分文字配上若干图片构成。常用排版软件有 Adobe Photoshop（用来处理图片，应用于位图，可进行简单排版）、Adobe Illustrator（用于矢量图形制作，编辑排版）、Adobe InDesign（用于书籍、画册的编辑排版，操作简单，排版速度较快，输出不易出错）和 CorelDRAW（用于编辑排版，应用于矢量和位图结合）等。

2．排版的要点

（1）突出重点，注意顺序。突出海报、广告的重点内容，同时在排版时要注重文案的前后逻辑关系，通常遵循阅读从左到右、从上到下的习惯。

（2）富有视觉冲击力，激发读者阅读兴趣。好的宣传海报需要在各个细节上突出活力因素，强调视觉冲击力，具有美感。例如，如果产品针对女性群体，则标题的字体、主色调等适合采用方正大标宋、方正中倩简体等稍微柔和一些的字体，这样更能激发读者的阅读兴趣。

（3）图文协调，颜色和谐。注意海报画面的整体感觉和颜色搭配。在内容丰富的情况下，适合在各个版块之间用一些引导元素，如各种小符号、箭头等，引导读者继续往下阅读。

3．模板应用

Word 提供了多种模板用于各种文档制作。新建文档时，可以选择使用对应的模板，在打开的文档中，只需简单修改部分内容就可完成文档的制作。

四、注意事项

（1）可以选择 Office.com 中的模板，选中相关的主题后即可下载模板内容。

（2）文档中可以任意添加需要的元素，如艺术字、剪贴画等，丰富文档内容。

五、实验步骤

1．创建新的空白文档

（1）在 Word 主界面中，选择"文件"→"新建"选项，在模板选择界面中输入"海报"进行查找，在给出的查找结果中双击"高校篮球热身赛海报"模板。

（2）单击"文件"→"另存为"选项，在弹出的"另存为"对话框中选择文件保存位置或新建文件夹为 E:\U99140101，输入文件名为"篮球赛海报.docx"，单击"保存"按钮。

2．修改海报中的内容

选中文档中需要修改的文字，修改成希望的内容。

3．预览海报效果

单击"文件"→"打印"按钮，预览打印效果，单击"打印"按钮打印文档内容。

六、思考题

（1）如何在文档中插入剪贴画？如何为海报、广告添加图片背景？

（2）模板文件的扩展名是什么？Word 2010 默认的模板文件的保存路径是什么？

第4章
数据统计分析及报表案例设计

4.1 设计课程考核成绩表

一、实验目的

通过课程考核成绩表的输入和格式化，掌握各种数据、公式和函数的输入方法及用途，学会设计和修饰数据表的方法。

二、实验要求

（1）创建工作簿文件，文件名为"课程考核成绩.xlsx"，保存到 E:\U<学号>文件夹中，例如 E:\U99140101。

（2）按图 4-1-1 所示的样式输入各科成绩和公式，设计课程考核成绩表。

（3）设置单元格的字体、字号、颜色、对齐方式、边框和底纹等。

（4）以倾斜字体、蓝色输出各科不及格的成绩（成绩低于 60 分）。

三、预备知识

1. Excel 2019 基础知识

Excel 2019 是 Office 2019 的重要组件之一，它是一套功能完整、操作简单的电子表格设计软件，具有强大的计算、分析和图表等功能。

选择"开始"→"程序"→"Excel"选项，打开 Excel，其主界面如图 4-1-1 所示。

（1）快速访问工具栏：默认有保存、撤销和恢复 3 个常用选项，可以根据需要单击其下拉按钮，从下拉列表中选择更多的选项。

（2）选项卡和功能区：有"文件""开始""插入""绘图""页面布局""公式""数据""审阅"和"视图"9 个选项卡，每个选项卡中有若干组的功能选项。例如，"开始"选项卡中有"字体""对齐方式"和"单元格"等组。单击某组右下角的对话框启动按钮或选项的下拉按钮，可以选择更多的选项。

（3）名称框和编辑栏：单击某一单元格，名称框中显示单元格的地址，在编辑栏中可以显示和输入当前单元格中的数据或公式。

（4）工作区：Excel 主窗口中最大的一个区域，用于显示工作簿中的各个工作表。

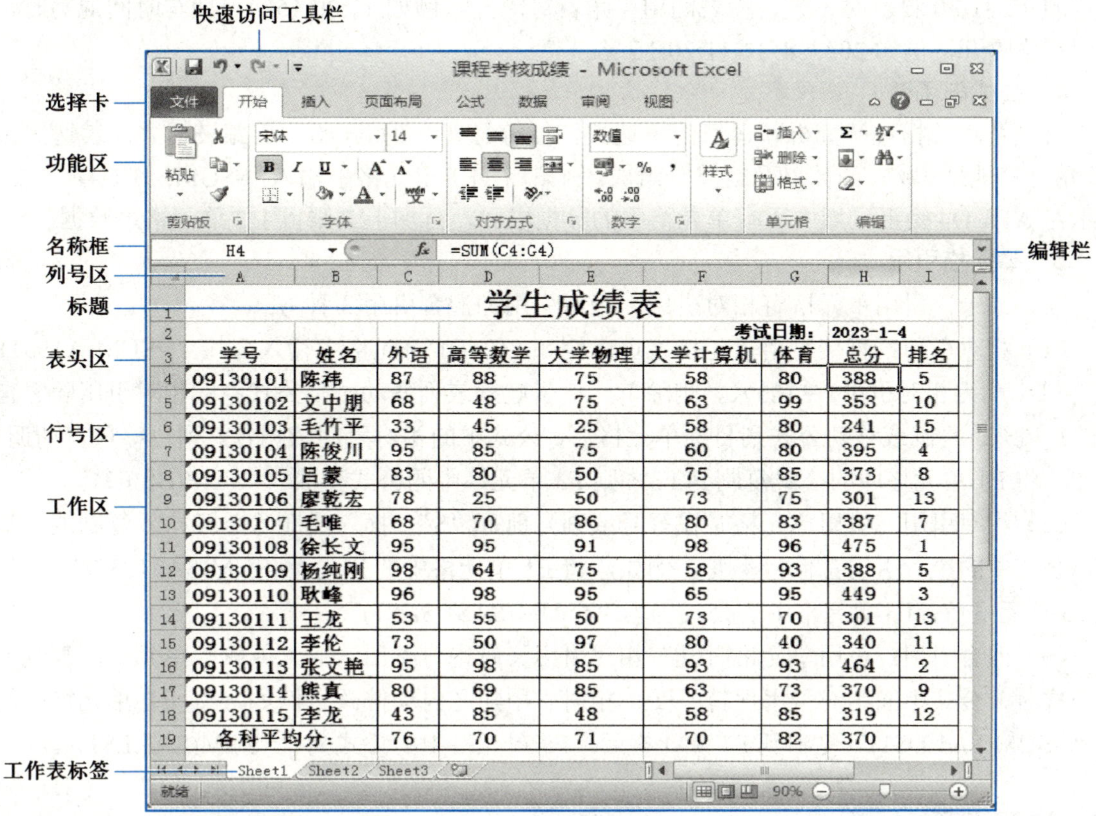

图 4-1-1 课程考核成绩表

2．工作表

Excel 2019 处理的文档称为工作簿，由多张工作表组成，最多可包含 255 张工作表，文件扩展名为 xlsx。一个工作簿默认包含 Sheet1、Sheet2 和 Sheet3 三张工作表。可以插入（添加）、删除或重命名工作表。每张工作表由若干单元格组成，最多有 16 384 列和 1 048 576 行。列号用 A，B，…，Z，AA，AB，…标识，行号用 1，2，3，…标识。列号和行号共同组成单元格地址（名称）。例如，B3 表示第 B 列、第 3 行的单元格。

3．数据类型

单元格中可以输入文本、数值、日期和时间等类型的数据。

（1）文本型：由汉字、字母、数字、空格以及其他符号组成的数据。文本型数据默认左对齐。对于由纯数字组成的文本，要在数字前加半角单引号（"'"）。例如，输入'0431 和'09120101，表示 0431 和 09120101。

（2）数值型：可以是正负数、分数、百分数或科学计数法表示的数。数值前面加¥或$表示货币值，后面加%表示百分数，中间加半角逗号表示千位分隔符。用整数（0 不能省略）、空格和分数的形式输入分数。例如，1 5/8、0 2/5 均表示分数。数值型数据默认右对齐。

（3）日期和时间型：年、月、日之间用半角"/"或"-"隔开，例如 2023-8-16 和 2023/8/16。

分数形式也可以表示日期型数据。例如，49/10 表示 1949 年 10 月 1 日，30/12 或 12/30 均表示当年的 12 月 30 日。时、分、秒之间用半角冒号隔开，例如 11:20:15。日期与时间混写时，中间用空格隔开，例如 2023-8-16 11:20:15。

4．公式与函数

公式是对数据进行分析和运算的表达式，以等号（"="）开始，后跟表达式。表达式由常量、单元格地址（域）、函数以及运算符组成。例如，在 E1 单元格中输入"=SUM(A1:D4)+ 5*D2"，表示对 A1～D4 矩形区域中所有单元格中的数据求和，再加上 5 乘以 D2 单元格中数据的积。

5．单元格引用

在公式中，引用单元格有相对引用、绝对引用和混合引用 3 种方式。

（1）相对引用：直接引用单元格地址。例如，在 E1 单元格中输入公式"=SUM(A1:D1)"，A1 和 D1 均为相对引用。当插入、删除单元格引起行或列变动时，公式中的相对引用随之自动修改；填充、复制或移动公式到目标单元格后，公式中的相对引用依据行、列位移量自动调整。例如，将 E1 单元格中的公式复制到 F3，则 F3 单元格中的公式变成"=SUM(B3:E3)"。

（2）绝对引用：引用单元格时在行号或列号前加"$"。插入或删除单元格，复制或移动公式，公式中的绝对引用都保持不变。例如，将 E1 单元格中的公式"=SUM($A$1: $D$1)"复制到 F3 单元格后，F3 单元格中的公式仍为"=SUM($A$1:$D$1)"。

（3）混合引用：引用单元格时既有相对引用又有绝对引用。插入或删除单元格，复制或移动公式时，公式中的绝对引用保持不变，相对引用随之自动修改。例如，将 E1 单元格中的公式"=SUM($A1:D$1)"复制到 F3 单元格后，F3 单元格中的公式为"=SUM($A3:E$1)"。

四、注意事项

（1）当单元格中的数值超过 99 999 999 999 时，系统自动以科学计数法显示数据。

（2）严格区分分数和日期型数据的输入方法。

（3）公式中除汉字以外，其他符号一律以半角方式输入。

五、实验步骤

1．创建新的空白工作簿

（1）选择"开始"→"程序"→"Excel"选项，创建新的工作簿。

（2）单击"文件"→"另存为"选项，在弹出的"另存为"对话框中选择文件保存位置或新建文件夹为 E:\U99140101，输入文件名为"课程考核成绩.xlsx"，单击"保存"按钮。

2．输入数据和公式

（1）单击工作表 Sheet1 中的 A1 单元格，输入"学生成绩表"，如图 4-1-1 所示。

（2）在 F2 单元格中输入"考试日期："，在 H2 单元格中输入"2023-1-4"。

（3）在单元格 A3～I3 中分别输入各列的表头"学号""姓名"……"排名"。

（4）在 A4 单元格中输入"'09130101"，向下拖动 A4 单元格右下角的填充柄（黑色方块）

到 A18 单元格，即可填充连续的其他学号。

（5）依次输入每个学生的姓名及各科的成绩。

（6）在 H4 单元格中输入"总分"的公式"=SUM(C4:G4)"，向下拖动 H4 单元格的填充柄到 H18 单元格，填充其他各行的"总分"公式。

（7）选中 I4 单元格，单击"开始"→"编辑"→"插入函数"按钮，打开"插入函数"对话框，如图 4-1-2 所示，选择类别为"全部"，函数为 RANK，单击"确定"按钮。

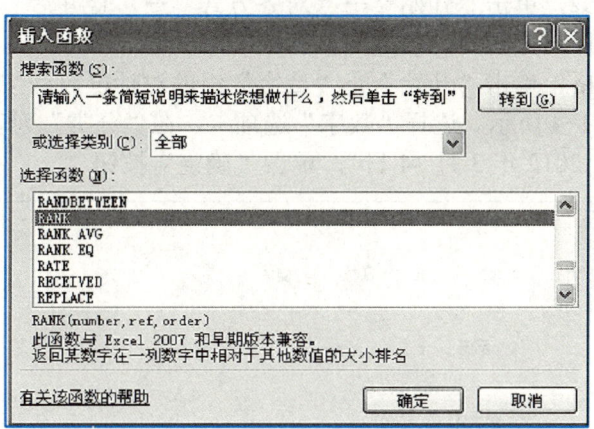

图 4-1-2　"插入函数"对话框

（8）在打开的"函数参数"对话框（见图 4-1-3）中，单击 Number 对应的折叠按钮，在工作表中单击 H4 单元格，再次单击折叠按钮，返回"函数参数"对话框。单击 Ref 对应的折叠按钮，在工作表中选取 H4:H18 区域，再次单击折叠按钮，返回"函数参数"对话框。选中 H4:H18，按 F4 键，切换至绝对引用 \$H\$4: \$H\$18，单击"确定"按钮，设计按总分排名的公式。

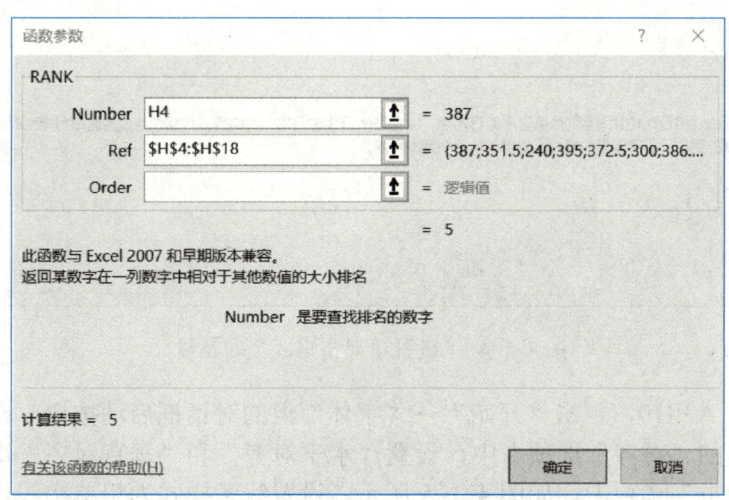

图 4-1-3　"函数参数"对话框

（9）向下拖动 I4 单元格的填充柄到 I18 单元格，填充其他各行的"排名"公式。

（10）在 A19 单元格中输入"各科平均分："。选中区域 C4:H19，选择"公式"→"函数库"→"自动求和"→"平均值"选项，设计相关列的平均分公式。

3．设置单元格格式

（1）选中区域 A1:I1，单击"开始"→"对齐方式"→"合并后居中"按钮，合并标题行的单元格。

（2）选中 A1 单元格，在"开始"→"字体"组中设置字体为"楷体"，字号为 28，并适当调整行的高度。

（3）选中区域 F2:G2，单击"开始"→"对齐方式"→"合并后居中"按钮，再单击"文本右对齐"按钮。用同样的方法处理区域 H2:I2。

（4）选中 H2 单元格，单击"开始"→"数字"组的对话框启动按钮，打开"设置单元格格式"对话框，如图 4-1-4 所示。选择"数字"选项卡，在"分类"列表框中选择"日期"，在"类型"列表框中选择"2012 年 3 月 14 日"，单击"确定"按钮。

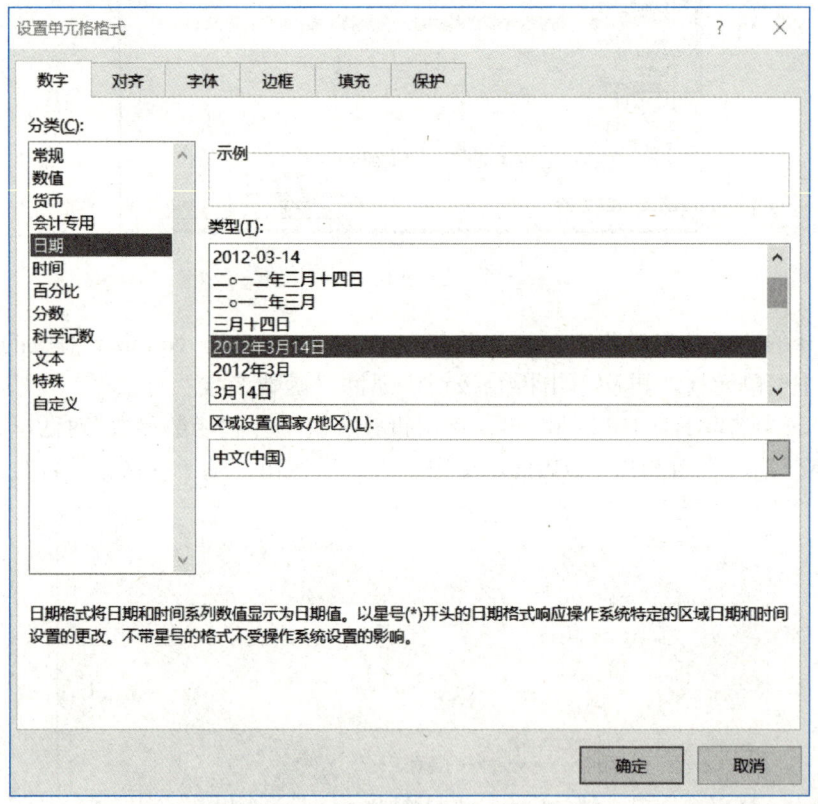

图 4-1-4　"设置单元格格式"对话框

（5）选中区域 A3:I19，单击"开始"→"字体"组的对话框启动按钮，在打开的"设置单元格格式"对话框的"对齐"选项卡中，设置"水平对齐"和"垂直对齐"均为"居中"。

（6）选择"边框"选项卡，如图 4-1-5 所示，设置线条样式为粗单实线，颜色为黑色，单击"外边框"按钮，选择线条样式为"细单实线"，颜色为"黑色"，再单击"内部"按钮，最后单击"确定"按钮。

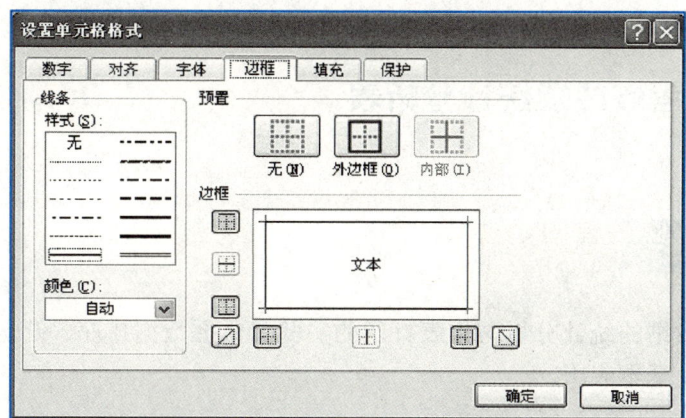

图 4-1-5 "边框"选项卡

4. 设置条件格式

（1）选中区域 C4:G18，选择"开始"→"样式"→"条件格式"→"突出显示单元格规则"→"小于"选项，打开"小于"对话框，如图 4-1-6 所示。

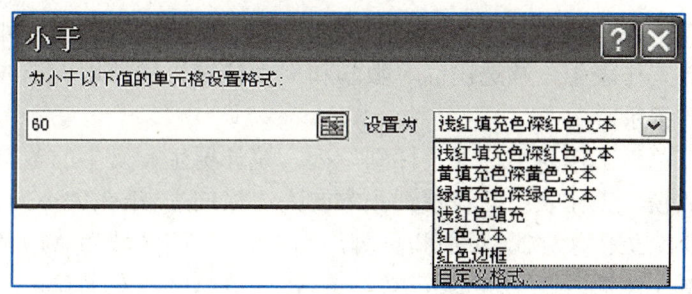

图 4-1-6 "小于"对话框

（2）在"小于"对话框中输入"60"，在"设置为"下拉列表框中选择"自定义格式"选项，单击"确定"按钮，在弹出的"设置单元格格式"对话框的"字体"选项卡中，选择字形为"倾斜"，颜色为蓝色，单击"确定"按钮，设计各科不及格的成绩字体和颜色。

六、思考题

（1）单击 A1 单元格，输入 2/8，按 Enter 键，A1 单元格中会显示什么？

（2）如何选中连续的单元格区域？如何选中不连续的单元格区域？

（3）当单元格的宽度不够，无法输出数据时，单元格中会显示"#"。如何将数据完整显示出来？

（4）在单元格中输入公式后按 Enter 键，单元格中会显示公式的计算结果。如果要修改公式，如何操作？

（5）如何使用自动填充功能快速输入序列 2，4，6，8，10，12，…，20？

4.2　设计课程考核成绩统计分析表

一、实验目的

通过课程考核成绩的统计分析与报表打印的实验，掌握数据排序、筛选、分类汇总及报表打印的操作方法以及基本应用。

二、实验要求

（1）在"课程考核成绩.xlsx"文件中，插入工作表 Sheet4，将 Sheet1 工作表中的数据分别复制到 Sheet2、Sheet3 和 Sheet4 中，4 个工作表标签依次改名为"学生成绩""排序""筛选"和"分类汇总"。

（2）将"排序"工作表中的数据先按总分降序排列，总分相同时再按外语成绩降序排列。

（3）在"筛选"工作表中，筛选出高等数学和大学计算机成绩均大于或等于 90 分且总分大于或等于 380 分的记录。

（4）在"分类汇总"工作表中增加"性别"列，统计男生、女生的各科平均分。

（5）在"学生成绩"工作表中，设置纸张方向为"横向"，纸张大小为 A4，上边距和下边距均为 3，左边距和右边距均为 2，页眉和页脚均为 1.5，打印区域为 A1:I18。

（6）在页眉区域左侧插入"第 1 页，共? 页"，在页脚区域左侧输入"任课教师签字："，在页脚区域右侧插入当前日期。

（7）打印"学生成绩"工作表。

三、预备知识

（1）数据排序：按表中列的值升序或降序重新整理记录的顺序。从小到大的排序称为升序，从大到小的排序称为降序。当多列同时排序时，仅当主关键字列的值相同时才按次关键字列的值排序。无论升序还是降序，空白单元格总是排在最后。

（2）数据筛选：将不满足条件的数据暂时隐藏起来，只显示符合条件的数据，以便于对数据进行编辑和处理。筛选有自动筛选和高级筛选两种方式，高级筛选可以筛选出同时满足多个条件的数据。

（3）数据分类汇总：将工作表中的数据按某列（也称为关键字）进行分类统计（如求和、平均值或计数等）。在分类汇总前要先按关键字排序。

（4）页眉、页脚：通常显示文档的附加信息，如时间、日期、页码、章节名称、单位名称和徽标等。页眉在页面的顶部，页脚在页面的底部。

四、注意事项

（1）当多个关键字排序时，各个关键字的先后顺序不同将产生不同的排序结果。

（2）同一行的高级筛选条件为"并且"关系，不同行的高级筛选条件为"或者"关系。

（3）在进行分类汇总前，必须按关键字排序。

（4）打印之前要先选中打印区域。

（5）页面设置好后要预览一下，看效果是否满意。

（6）注意页眉、页脚的位置。

五、实验步骤

1．复制工作表数据、更改工作表标签

（1）打开"课程考核成绩.xlsx"文件，单击工作表标签行的"新工作表"按钮，即可插入新的工作表 Sheet4。

（2）选中 Sheet1 工作表中的区域 A3:H18，单击"开始"→"剪贴板"→"复制"按钮。

（3）选中 Sheet2 工作表中的 A1 单元格，选择"开始"→"剪贴板"→"粘贴"→"值和数字格式"选项。用类似的方法将数据复制到 Sheet3 和 Sheet4 工作表。

（4）右击 Sheet1 工作表标签，在弹出的快捷菜单中选择"重命名"选项，输入新标签名为"学生成绩"。用类似的方法，将 Sheet2、Sheet3 和 Sheet4 工作表的名称分别改为"排序""筛选"和"分类汇总"。

2．数据排序

（1）在"排序"工作表中，单击"数据"→"排序和筛选"→"排序"按钮，打开"排序"对话框，选择和添加相关内容，如图 4-2-1 所示。

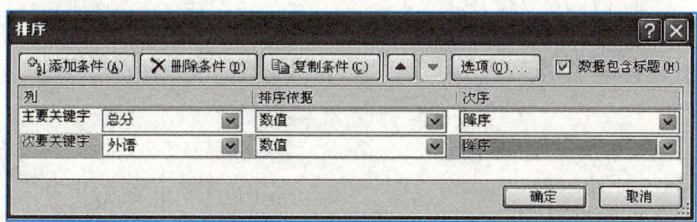

图 4-2-1 "排序"对话框

（2）单击"确定"按钮，结果如图 4-2-2 所示。总分相同时按外语成绩由高到低排列。

3．数据筛选

（1）在"筛选"工作表中，依次在 A19、B19 和 C19 单元格中输入"高等数学""大学计算机"和"总分"，在 A20 和 B20 单元格中均输入">=90"，在 C21 单元格中输入">=380"，如图 4-2-3 所示。

（2）选中任意单元格（如 A21 单元格），单击"数据"→"排序和筛选"→"高级"按钮，打开"高级筛选"对话框，选择和输入相关内容，如图 4-2-4 所示。

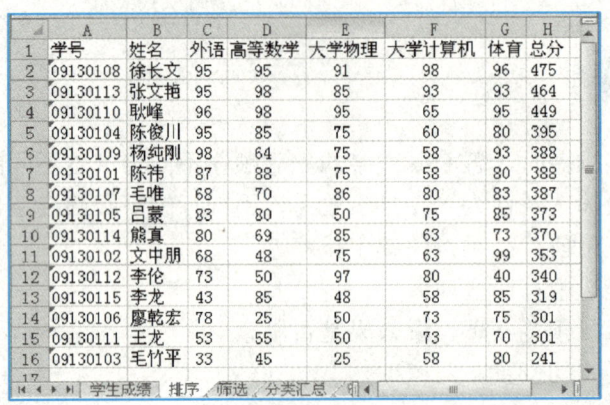

图 4-2-2　排序结果

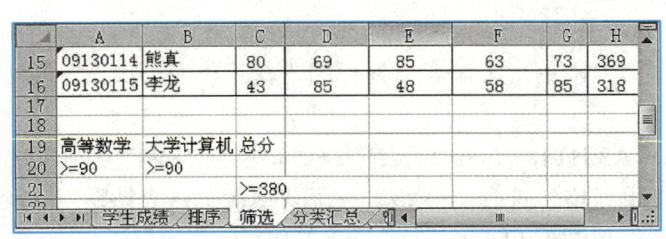

图 4-2-3　高级筛选条件

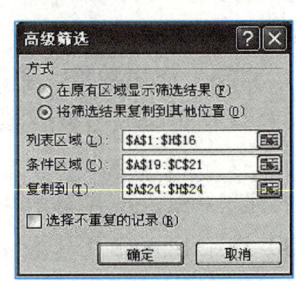

图 4-2-4　"高级筛选"对话框

（3）单击"确定"按钮，筛选结果从第 24 行开始显示，如图 4-2-5 所示。

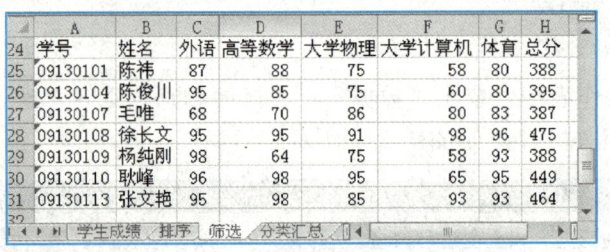

图 4-2-5　高级筛选结果

4．数据分类汇总

（1）在"分类汇总"工作表中，右击 C 列标签，在弹出的快捷菜单中选择"插入"选项，并在 C1 单元格中输入"性别"。

（2）单击 C2 单元格，按住 Ctrl 键再依次单击 C3、C5、C7、C9、C10、C13、C15 单元格，释放 Ctrl 键，输入"男"，按 Ctrl+Enter 组合键。用类似的方法，在 C 列其他单元格中输入"女"。

（3）单击 C 列的任意单元格，单击"数据"→"排序和筛选"→"升序"按钮。

（4）单击"数据"→"分级显示"→"分类汇总"按钮，在弹出的"分类汇总"对话框中选中相关内容，如图 4-2-6 所示。

（5）单击"确定"按钮，分类汇总结果如图 4-2-7 所示。

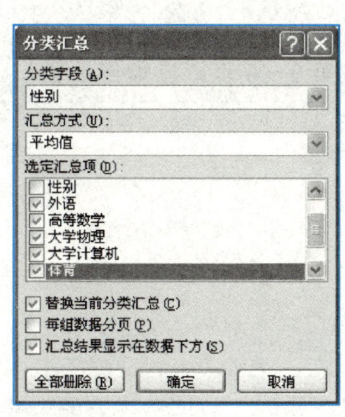

图 4-2-6　"分类汇总"对话框

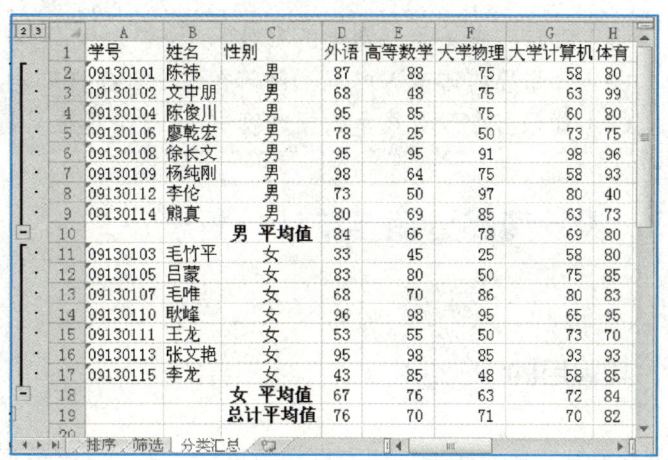

图 4-2-7　分类汇总结果

5．页面设置

（1）选中"学生成绩"工作表，选择"页面布局"→"页面设置"→"纸张方向"为"横向"，"纸张大小"为 A4。

（2）单击"页面布局"→"页面设置"→"页边距"→"自定义边距"选项，在弹出的"页面设置"对话框中设置"上"边距和"下"边距均为 3，"左"边距和"右"边距均为 2，"页眉"和"页脚"均为 1.5，单击"确定"按钮。

（3）选中区域 A1:I18，单击"页面布局"→"页面设置"→"打印区域"→"设置打印区域"选项。

6．页眉、页脚设置

（1）单击"插入"→"文本"→"页眉和页脚"按钮，进入页眉、页脚编辑状态。

（2）单击页眉的区域中部，选择"设计"→"页眉和页脚"→"页眉"→"第 1 页，共 ？页"选项。

（3）单击"设计"→"导航"→"转至页脚"按钮，再单击页脚的区域左侧，输入"任课教师签字："。

（4）单击页脚区域的右侧，单击"设计"→"页眉和页脚元素"→"当前日期"按钮，再单击工作表中的任意单元格，退出页眉和页脚编辑状态。

（5）单击"视图"→"工作簿视图"→"普通"按钮，切换到普通视图。

7．报表打印

（1）单击"文件"→"打印"选项，界面右侧显示预览效果，即打印效果。单击界面右下角的缩放到页面按钮可放大预览效果。

（2）在"份数"数值框中输入要打印的份数，单击"打印"按钮即可开始打印报表。

六、思考题

（1）进行高级筛选时，如果筛选条件是高等数学成绩大于 90 分或者大学计算机成绩大于 90 分，条件区域应如何输入？

（2）如何汇总男生、女生的人数？

（3）如果要打印多页内容，如何在每一页都打印表头？

（4）如果打印预览显示数据内容有 10 页，现在只需要打印第 3～6 页，应如何设置？

4.3　设计商品进销存统计分析表

一、实验目的

学习设计单元格下拉列表框和数据透视表，掌握数据输入技巧和创建数据透视表的一般操作过程和方法。

二、实验要求

（1）创建工作簿文件，文件名为"商品进销存.xlsx"，保存到 E:\U<学号>文件夹中。

（2）设计单元格下拉列表框，输入如图 4-3-1 所示的商品进销数据。

（3）生成数据透视表。

	日期	摘要	商品编码	商品名称	品牌	单位	进货数量	进货单价	进货金额	销售数量	销售单价	销售金额
2	1月5日	进货	10001	笔记本	联想	台	10	5500	55000			
3	1月5日	进货	20001	微机	联想	台	20	3800	76000			
4	1月9日	进货	10002	笔记本	惠普	台	5	4600				
5	1月16日	进货	20002	微机	惠普	台	10	2900	29000			
6	1月19日	进货	30001	打印机	惠普	台	5	1100	5500			
7	1月29日	销售	20002	微机	惠普	台				3	3400	10200
8	2月1日	进货	10002	笔记本	惠普	台	2	4500	9000			
9	2月8日	进货	10003	笔记本	戴尔	台	5	7400	37000			
10	2月19日	进货	30002	打印机	联想	台	5	850	4250			
11	2月25日	销售	20002	微机	惠普	台				2	3400	6800
12	2月26日	销售	10002	笔记本	惠普	台				2	5100	10200
13	3月7日	销售	30002	打印机	联想	台				3	950	2850
14	3月8日	销售	10002	笔记本	惠普	台				5	5100	25500
15	3月10日	销售	10002	笔记本	联想	台				5	4300	21500
16	3月14日	进货	20003	微机	戴尔	台	15	5600	84000			
17	3月20日	销售	10001	笔记本	联想	台				4	5900	23600
18	3月20日	销售	20005	微机	戴尔	台				5	6000	30000
19	3月27日	销售	20001	微机	联想	台				8	4300	34400
20	4月6日	销售	10003	笔记本	戴尔	台				6	8300	49800
21	4月16日	销售	20004	微机	戴尔	台				2		
22	4月16日	销售	20004	微机	戴尔	台				2	6000	12000
23	4月20日	销售	10001	笔记本	联想	台				2	5900	11800
24	4月22日	销售	30003	打印机	惠普	台				2	1300	2600
25	4月28日	进货	10003	笔记本	戴尔	台	5	7400				
26	4月30日	销售	10003	笔记本	戴尔	台				1	8300	8300

图 4-3-1　商品进销数据

三、预备知识

（1）单元格下拉列表框：将工作表中某些列（如"商品名称"）定义成下拉列表框，在向单元格中输入数据时，可以从下拉列表框中选择数据（如"微机""笔记本"或"打印机"），避免反复输入相同的内容。

（2）数据透视表：依据某工作表中的数据（数据源表）创建的一种数据统计分析表，通常用于对一个工作表中的数据进行多种形式的统计分析。

四、注意事项

（1）在设计单元格下拉列表框的数据有效性时，序列来源中的各项之间用半角逗号分隔。

（2）在创建数据透视表时，当前工作表即为数据源表。当数据源表中的数据发生变化时，在数据透视表中，单击"选项"→"数据"→"刷新"按钮，即可查看变化后的统计结果。

五、实验步骤

1．创建新的空白工作簿

启动 Excel，系统会自动创建一个新的空白工作簿"工作簿 1"，单击"文件"→"保存"选项（或"另存为"选项），在弹出的"另存为"对话框中，指定文件保存位置为 E:\U<学号>文件夹（如 E:\U99140101），文件名为"商品进销存.xlsx"，单击"保存"按钮。

2．输入数据

（1）在 Sheet1 的 A1，B1，…，L1 单元格中分别输入"日期""摘要"……"销售金额"。

（2）在 A2 单元格中输入 1/5，用此方法输入 A 列中的其他日期。

（3）选中区域 A2:A26，单击"开始"→"数字"组的对话框启动按钮，打开"设置单元格格式"对话框，在"数字"选项卡中，选择"日期"→"3 月 14 日"，单击"确定"按钮。

（4）选中 B2 单元格，单击"数据"→"数据工具"→"数据验证"→"数据验证"按钮，打开"数据验证"对话框，在"设置"选项卡中，选择或输入相关内容，如图 4-3-2 所示。单击"确定"按钮，完成 B2 单元格下拉列表框的设计。

（5）向下拖动 B2 单元格的填充柄到 B26 单元格，完成 B 列其他单元格下拉列表框的设计。从 B 列（"摘要"列）的各单元格下拉列表框中选择"进货"或"销售"，实现各单元格的数据输入。

（6）用与第（4）～（5）步类似的方法，设计 C 列（"商品名称"列）和 D 列（"品牌"列）的单元格下拉列表框。D 列的序列来源为"笔记本，微机，打印机"，E 列的序列来源为"联想，戴尔，惠普"。

（7）直接输入"进货数量""进货单价""销售数量"和"销售单价"列的数据。

3．创建数据透视表

（1）选择"插入"→"表格"→"数据透视表"选项，在打开的"创建数据透视表"对话框中输入和选择相关内容，单击"确定"按钮，如图 4-3-3 所示。

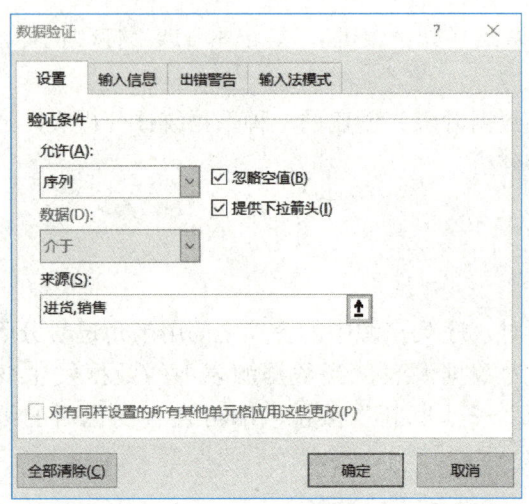

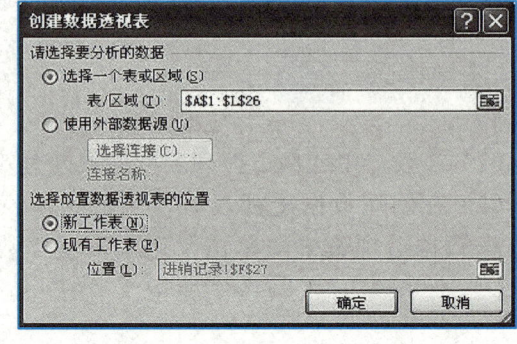

图 4-3-2　"数据验证"对话框　　　　　　　图 4-3-3　"创建数据透视表"对话框

（2）左侧窗格中显示数据透视表，右侧窗格中显示"数据透视表字段"列表。

（3）在右侧窗格中，将"日期"字段拖动到"报表筛选"区域，将"商品名称"和"品牌"字段拖动到"行标签"区域，单击"行标签"区域中的"商品名称"→"字段设置"选项，在"字段设置"对话框中选择"布局和打印"选项卡，单击"以表格形式显示项目标签"选项，再单击"确定"按钮关闭"字段设置"对话框。单击 A3 单元格，输入"商品名称"替换其中的文字"行标签"。将"进货数量""进货金额""销售数量"和"销售金额"字段拖动到"值"区域，如图 4-3-5 所示。

（4）在"值"区域中，单击"求和项：进货数量"的下拉按钮，选择"值字段设置"选项，在打开的"值字段设置"对话框中，在"值汇总方式"选项卡中选择"求和"选项，单击"确定"按钮。用同样的方法设置"进货金额""销售数量""销售金额"字段的"值汇总方式"为"求和"。

（5）选择"数据透视表工具"/"分析"→"计算"→"域、项目和集"→"计算字段"选项，在打开的"插入计算字段"对话框中输入相关内容，如图 4-3-4 所示，单击"确定"按钮。用同样的方法添加计算字段名称为"库存金额"，公式为"=进货单价*库存数量"。

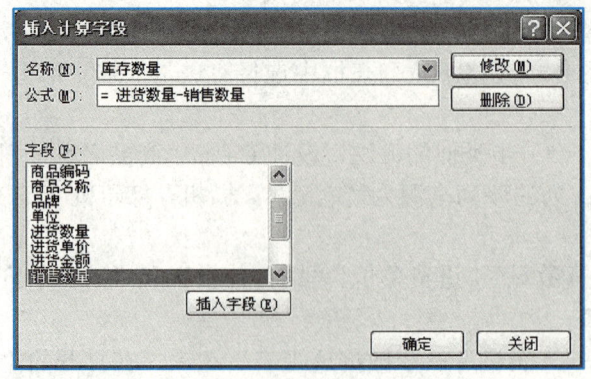

图 4-3-4　"插入计算字段"对话框

（6）选择"数据透视表工具"/"分析"→"筛选"→"插入切片器"选项，在打开的"插入切片器"对话框中，选择"日期""商品名称"和"品牌"，单击"确定"按钮，排列形式如图4-3-5所示。

（7）选择"开始"→"编辑"→"查找和选择"→"替换"选项，在打开的"查找和替换"对话框中，输入"查找内容"为"求和项:"，在"替换为"文本框中输入空格，单击"全部替换"按钮。单击"数据透视表工具"/"设计"→"数据透视表样式"→"其他"按钮，选择"浅蓝，数据透视表样式中等深浅2"样式。商品进销存透视表的结果如图4-3-5所示。

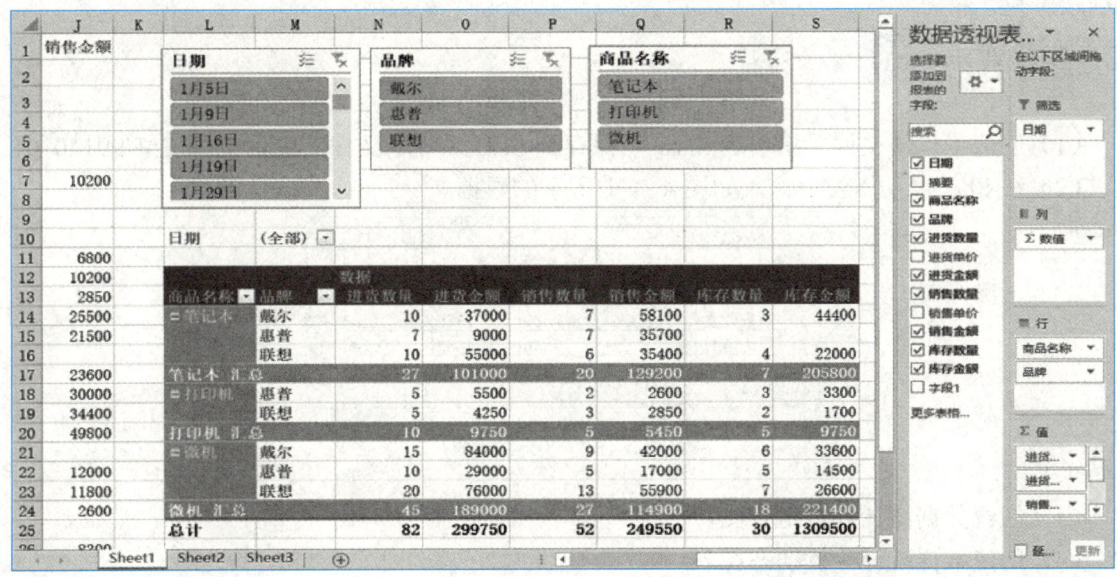

图4-3-5　商品进销存透视表

六、思考题

（1）如何统计各类商品每个品牌的销售数量？统计结果如图4-3-6所示。

图4-3-6　商品分类统计表

（2）分类汇总与数据透视表有哪些异同之处？

4.4　设计商品销售统计分析图表

一、实验目的

通过设计商品销售统计分析图表，掌握创建和修饰图表的基本操作过程和方法。

二、实验要求

（1）创建工作簿文件"销售表.xlsx"，保存到 E:\U<学号>文件夹中，例如 E:\U99140101。
（2）在 Sheet1 工作表中输入如图 4-4-1 所示的数据。

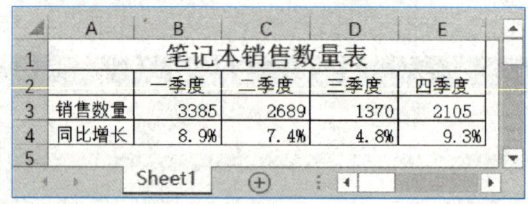

图 4-4-1　销售数据

（3）创建数据统计分析组合图。
（4）创建数据统计分析动态图表。

三、注意事项

图表中的数据源来自数据表的行或列。柱形图的数据源一般包括行标题、列标题和多个数据列，动态图表一般通过辅助区域及相关函数进行图表的动态展示。

四、实验步骤

1．创建新的空白工作簿
启动 Excel，系统自动创建空白工作簿"工作簿 1"，单击"文件"→"保存"选项，在弹出的"另存为"对话框中，指定文件保存位置为 E:\U<学号>文件夹，文件名为"销售表.xlsx"，单击"保存"按钮。
2．输入数据
（1）在 A1 单元格中输入"笔记本电脑销售数量表"。选中区域 A1:E1，单击"开始"→"对齐方式"→"合并后居中"按钮。
（2）在 B2～E2 单元格中依次输入"一季度""二季度""三季度""四季度"。

（3）在剩余单元格中输入其余数据。选定区域 A1:E4，单击"开始"→"字体"→"边框"下拉按钮，选择"所有框线"选项。

3．创建组合图

（1）选定区域 A2:E4，单击"插入"→"图表"→"柱形图"→"簇状柱形图"选项。

（2）单击图表的任意位置，单击"图表工具"/"设计"→"图表布局"→"快速布局"→"布局 1"选项，在"图表标题"文本框中输入"产品销售分析图"，并设置字体为"微软雅黑"、加粗。

（3）单击"图表工具"/"设计"→"图表布局"→"添加图表元素"→"坐标轴标题"→"主要横坐标轴标题"按钮。在"坐标轴标题"文本框中输入"季度"。选择"季度"文本框，单击"图表工具"/"格式"→"形状样式"→"强烈效果-蓝色，强调颜色 1"选项。

（4）单击"图表工具"/"设计"→"图表布局"→"添加图表元素"→"主要纵坐标轴标题"按钮。在"坐标轴标题"文本框中输入"销售数量"，同样设置为"强烈效果-蓝色，强调颜色 1"样式。

（5）单击"图表工具"/"设计"→"类型"→"更改图表类型"按钮，在弹出的"更改图表类型"对话框中，选择"组合"选项。选择"销售数量"图表类型为"带数据标记的折线图"。选择"同比增长"图表类型为"簇状柱形图"，并勾选为"次坐标轴"，单击"确定"按钮。

（6）右击"次坐标轴 垂直（值）轴"，在弹出的快捷菜单中选择"设置坐标轴格式"选项，打开右侧窗格。选择"坐标轴选项"→"边界"选项，设置"最大值"为 1，单位"大"设置为 0.2。

（7）单击折线，选中"销售数量"系列。在右侧的"设置数据系列格式"窗格中，选择"填充与线条"→"线条"选项，设置为"无线条"。单击"填充与线条"→"标记"→"数据标记选项"→"内置"按钮，设置"内置"类型为"圆形"，大小为 30。选择"填充与线条"→"标记"→"填充"→"纯色填充"按钮，颜色为"白色"。选择"填充与线条"→"标记"→"边框"选项，设置宽度为 5 磅，复合类型为"由粗到细"。

（8）单击"销售数量"系列，选择"图表工具"/"设计"→"图表布局"→"添加图表元素"→"数据标签"→"居中"选项。单击"同比增长"系列，重复以上步骤，选择"数据标签外"选项。选择"同比增长"系列，单击"图表工具"/"格式"→"形状样式"→"强烈效果-橙色，强调颜色 2"选项。如图 4-4-2 所示。

4．创建动态图表

（1）选定单元格 A10，输入数字 1。将区域 A2:E2 的内容复制到区域 A11:E11。

（2）单击单元格 A12，单击编辑栏，输入"=INDEX($A$3:$A$4,$A$10)"，单击左侧的"输入"按钮，完成输入。单击单元格 B12，单击编辑栏，输入"=INDEX($A$3:$E$4,$A$10)"，拖曳单元格 B12 的填充柄到单元格 E12。

（3）选定区域 A11:E12，单击"插入"→"图表"→"柱形图"→"簇状柱形图"选项。

（4）单击"开发工具"→"控件"→"插入"→"组合框（窗体控件）"按钮。右击该控件，在弹出的菜单中选择"设置控件格式"选项。在打开的"设置控件格式"对话框中，数据源区域设置为"$A$3:$A$4"，单元格链接设置为"$A$10"，如图 4-4-3 所示，单击"确定"按钮。

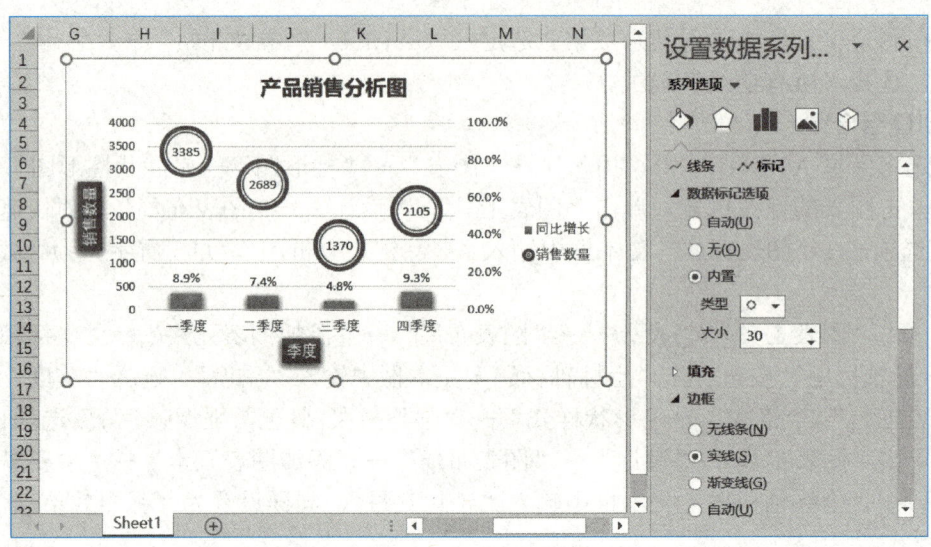

图 4-4-2　组合图

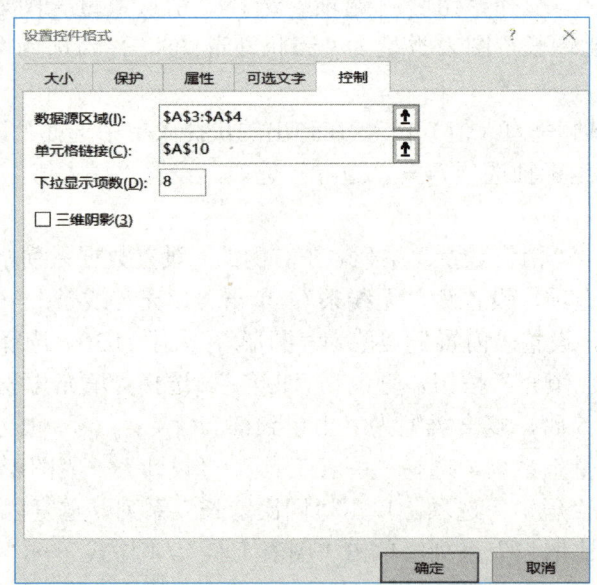

图 4-4-3　"设置控件格式"对话框

（5）单击其他任意单元格，再单击组合框下拉按钮，分别选择"销售数量"和"同比增长"选项，查看动态图表跟随切换效果。

（6）单击"销售数量"或"同比增长"系列，选择"图表工具"/"设计"→"图表布局"→"添加图表元素"→"数据标签"→"数据标签外"选项。选择系列，单击"图表工具"/"设计"→"图表样式"→"样式 10"按钮，为系列应用样式。

（7）右击主要网格线，在弹出的快捷菜单中选择"设置网格线格式"选项。打开右侧窗格，在"填充与线条"中选择"无线条"。单击绘图区，在右侧窗格中，单击"设置绘图区格式"→

"填充与线条"→"边框"→"实线"按钮，设置边框颜色为"浅灰色，背景2"。完成如图4-4-4所示效果。

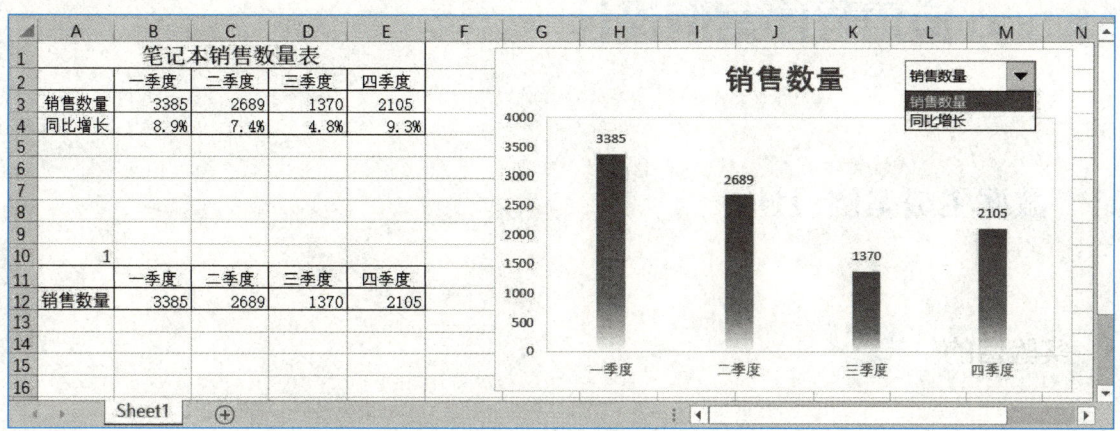

图4-4-4　动态图表

五、思考题

（1）图表数据源中的数据发生变化后，图表中的图是否会随之变化？

（2）设置动态图表还有什么方法？

第 5 章
Python 应用程序案例设计

5.1 数据生成案例设计

一、实验目的

（1）了解 PyCharm 用户界面及常用设置。
（2）学会用 PyCharm 编写和运行 Python 程序。
（3）了解 Python 第三方库 openpyxl 的基本功能。
（4）掌握用 Python 生成随机数的方法，以及用 Python 第三方库 openpyxl 操作 Excel 工作簿和工作表的方法。

二、实验要求

在 PyCharm 中，用第三方库 openpyxl 设计 Python 程序，生成"大学计算机成绩.xlsx"文件，文件包含"理论课平时成绩""实验课成绩"和"期末考试成绩"三个工作表，每个工作表包含"学号"和"成绩"两列，"学号"列的值长度为 8 的字符串，"成绩"列的值为 0～100 的随机整数（为方便实验，成绩使用随机数生成）。每个工作表有 810 条数据记录，各工作表的记录顺序不完全一致，如图 5-1-1 所示。

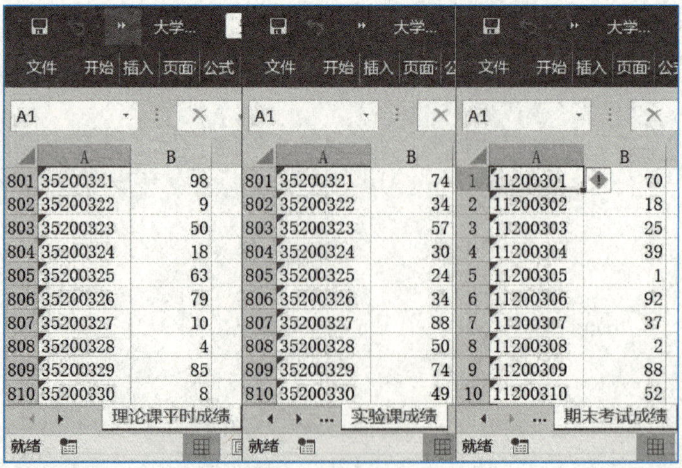

图 5-1-1 "理论课平时成绩""实验课成绩"和"期末考试成绩"工作表

86

三、预备知识

1．PyCharm 用户界面

PyCharm 是一个专用的 Python 集成开发环境（integrated development environment，IDE），包含社区版、教育版和专业版。社区版和教育版为免费版本，本实验使用社区版。PyCharm 用户界面包含"项目"工具窗口、编辑器、状态栏、"运行"工具窗口、Python 控制台等，如图 5-1-2 所示。

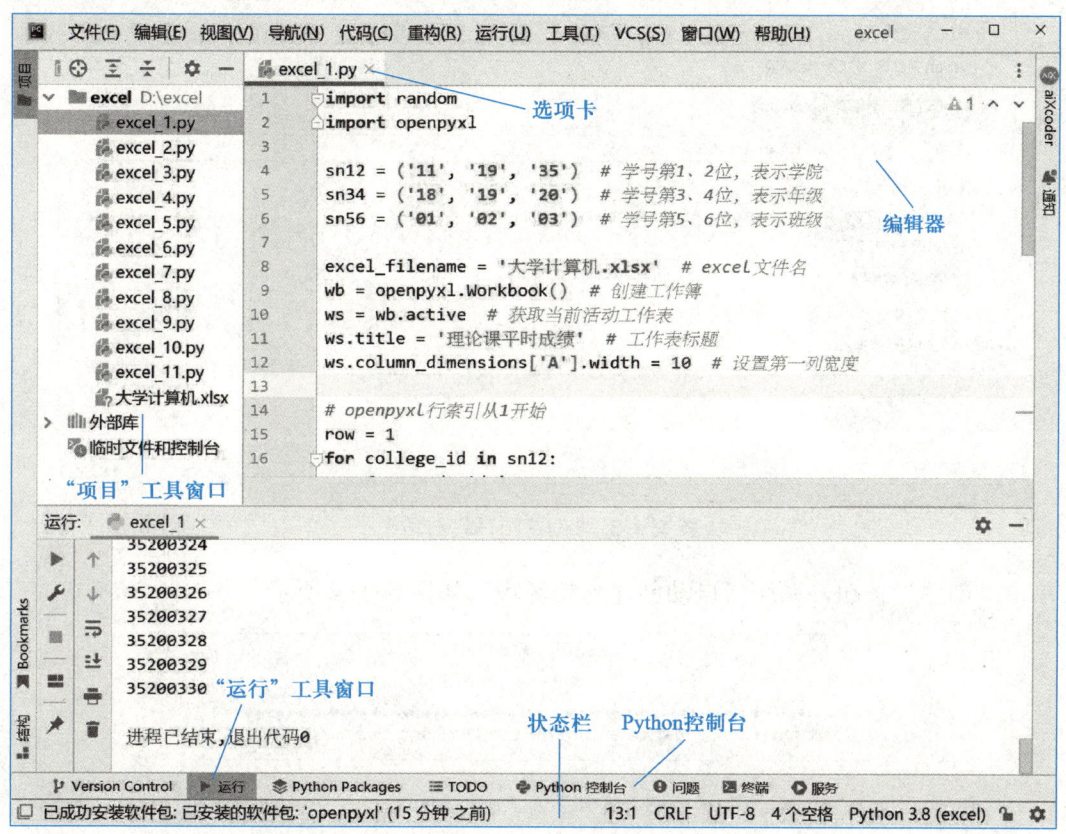

图 5-1-2　PyCharm 用户界面

"项目"工具窗口：显示项目的结构，在"项目"工具窗口中双击某文件将打开该文件。

编辑器：包含多个选项卡，用于阅读和编写代码。

状态栏：左侧显示最近的事件消息，单击可以查看详情；右侧包含多个小部件，用于显示整个项目和 IDE 状态，单击可以进行设置，右击可以显示或隐藏小部件。

"运行"窗口：显示运行程序时的输出。

Python 控制台：可以输入和执行 Python 代码。

2．使用 PyCharm 编写 Python 程序

项目是 PyCharm 中代表完整软件解决方案的组织单元，以基于目录的形式表示，被指定的

目录称为该项目的项目目录。在 PyCharm 中打开一个文件夹后，.idea 子文件夹将被自动添加到其中，用于 PyCharm 存储配置。可以通过"文件"→"新建项目"创建项目。在创建项目时，需要为本项目指定 Python 解释器。如果已有 Python 解释器可用于本项目，则选择"先前配置的解释器"，否则选择"使用此工具新建环境"，新建虚拟环境，本实验使用 Anaconda 作为新建环境的工具。Anaconda 是 Python 和 R 包的一站式商店，解决了许多与使用和管理开源软件相关的问题。新建虚拟环境需要指定 Python 版本，本实验的 Python 版本为 3.8，如果希望在其他项目中使用此环境，可选中"可用于所有项目"复选框，如图 5-1-3 所示。

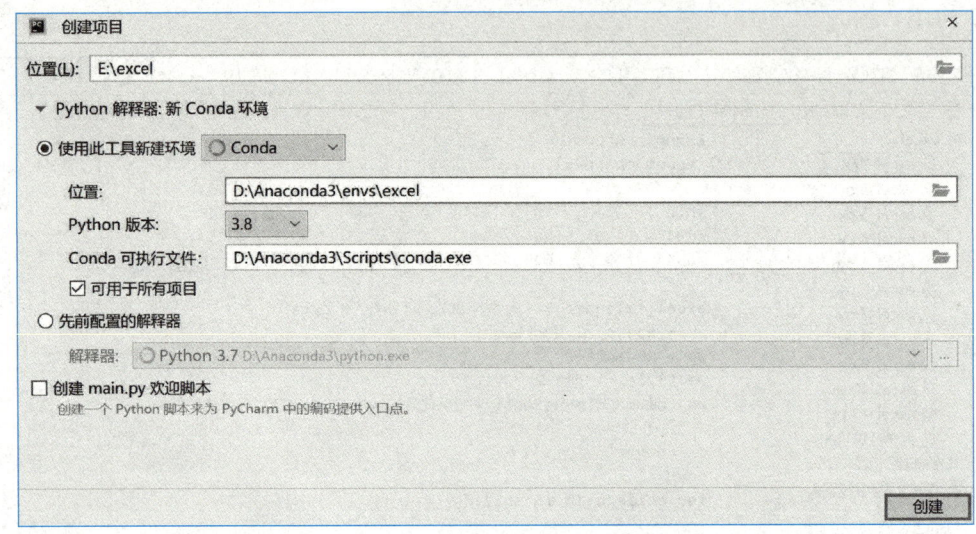

图 5-1-3　"创建项目"对话框

单击"创建"按钮，系统将自动创建虚拟环境，如图 5-1-4 所示。

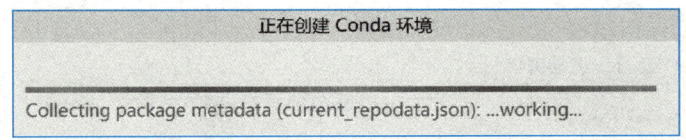

图 5-1-4　创建虚拟环境

本实验需要在虚拟环境中安装 openpyxl 包。在"设置"对话框，如图 5-1-5 所示，选中项目的"Python 解释器"，单击"+"→"安装"按钮，在弹出的"可用软件包"对话框，输入包名 openpyxl，单击"安装软件包"按钮，系统将自动安装软件包。

3．使用 Python 第三方库 openpyxl

openpyxl 是一个常用的读/写 Excel 2019 的 xlsx/xlsm/xltx/xltm 文件的 Python 第三方库。如果 Excel 操作涉及图像文件（jpeg、png、bmp 等），还需要安装 Python 第三方库 pillow。

openpyxl 可以完成许多 Excel 操作，本次实验使用的关键代码说明如下：

（1）openpyxl.Workbook()

创建并返回一个工作簿（Workbook）。

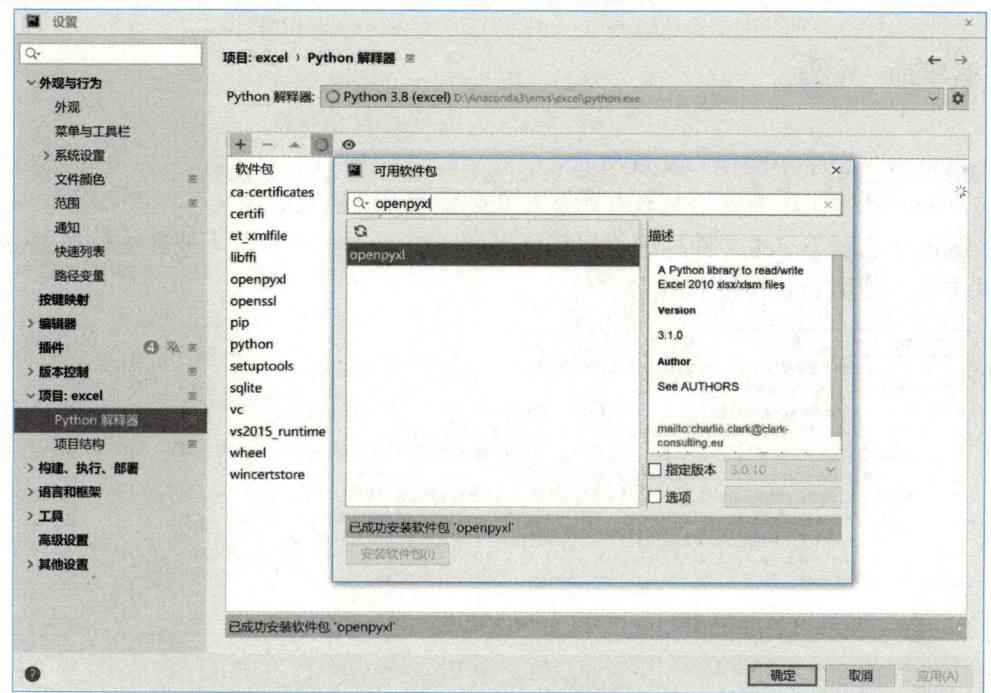

图 5-1-5　安装软件包

（2）Workbook.create_sheet(title=None, index=None)

创建并返回一个工作表(Worksheet)。title 为可选的工作表标题，index 为可选的插入位置，注意第一工作表索引为 0。

（3）Worksheet.cell(row, column, value=None)

根据给定坐标返回单元格对象。row 为单元格的行索引，column 为单元格的列索引，value 为单元格的值。调用 cell 第一次访问时将在内存中创建单元格。

（4）Workbook.active

获取当前活动工作表。

（5）Workbook.save(filename)

将当前工作簿保存到指定文件，filename 指定文件路径和文件名，路径可省略。

（6）Workbook. close()

关闭工作簿文件，只影响只读和只写模式。

（7）excel.load_workbook(filename, read_only=False, keep_vba=False, data_only=False, keep_links=True)

用于打开指定的文件，返回工作簿。filename 指定文件路径和文件名，路径可省略。

（8）random.randint(a, b)

本次实验，除 openpyxl 外，还使用了 random 模块。

random.randint(a, b)为 Python random 模块函数，返回随机整数 N 满足 a≤N≤b。

四、注意事项

（1）Python 保留字不能作为变量命名。

（2）openpyxl 中工作表索引从 0 开始，行和列索引从 1 开始。

（3）为防止出现 Excel 文件拒绝访问等错误，如图 5-1-6 所示，不要在文件被 Excel 等软件打开状态下，使用 openpyxl 操作该文件。

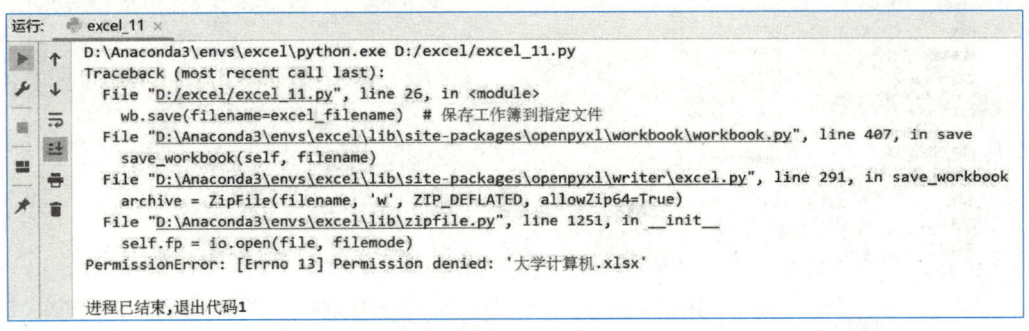

图 5-1-6　程序运行错误提示

（4）通常情况下，PyCharm 会自动保存文件。可以在"文件"→"设置"→"外观与行为"→"系统设置"中进行设置，如图 5-1-7 所示。

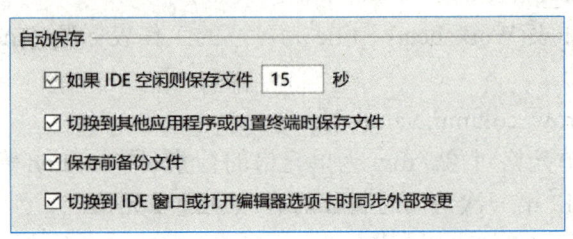

图 5-1-7　文件自动保存设置

五、实验步骤

1. 启动 PyCharm 并创建项目

单击桌面 PyCharm 快捷方式启动 PyCharm，单击"文件"→"新建项目"，在弹出的"创建项目"对话框中输入项目目录位置和配置 Python 解释器，单击"创建"按钮，如图 5-1-8 所示。如果指定的项目目录不存在，系统将自动创建该目录。

2. 创建 Python 文件

在"项目"工具窗口中选中 excel 文件夹，单击"文件"→"新建"→"Python 文件"，输入 excel_1，如图 5-1-9 所示，按 Enter 键，系统会自动创建文件并保存到当前项目目录下。

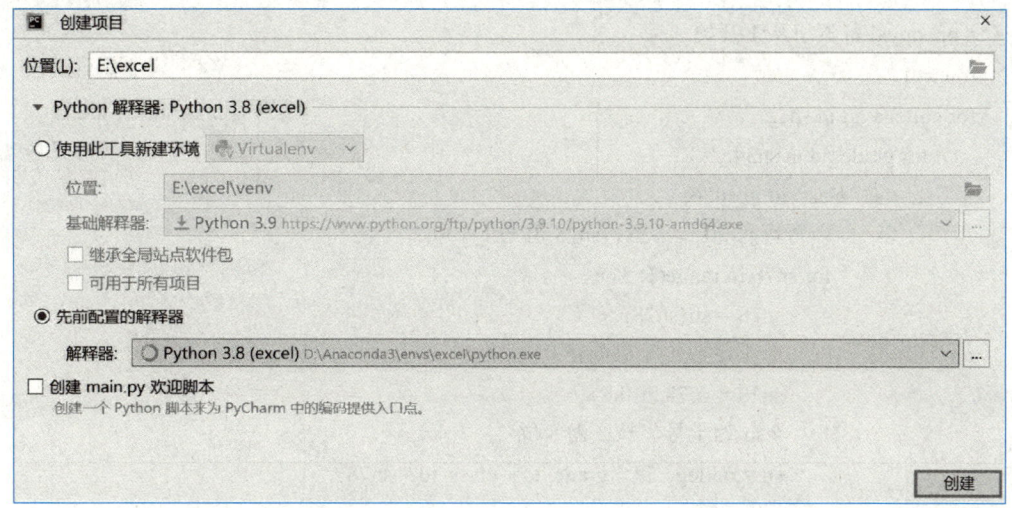

图 5-1-8　创建项目设置

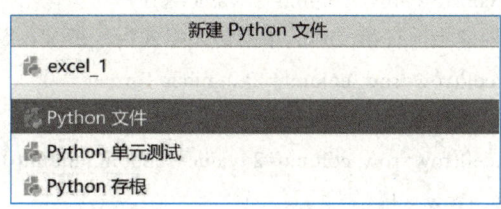

图 5-1-9　创建文件

3．生成工作表"理论课平时成绩"数据

在"项目"工具窗口中双击 excel_1.py 文件，在编辑器的 excel_1.py 选项卡中输入代码（只输入代码内容，如图 5-1-2 所示）。

（1）导入。

```
import random
import openpyxl
```

（2）定义学号前 6 位。

```
sn12 = ('11', '19', '35')          # 学号第 1、2 位，表示学院
sn34 = ('18', '19', '20')          # 学号第 3、4 位，表示年级
sn56 = ('01', '02', '03')          # 学号第 5、6 位，表示班级
```

（3）指定 Excel 文件名，创建工作簿和工作表。

```
excel_filename = '大学计算机.xlsx'    # excel 文件名
wb = openpyxl.Workbook()           # 创建工作簿
ws = wb.active                     # 获取当前活动工作表
ws.title = '理论课平时成绩'          # 工作表标题
ws.column_dimensions['A'].width = 10   # 设置第一列宽度
```

（4）生成 810 行数据，第一列为学号，第二列为成绩，成绩值为 0～100 的随机整数。缩进是 Python 组织语句的方式，编写代码时要注意缩进。

```
                    # openpyxl 行索引从 1 开始
                    row = 1
                    for college_id in sn12:
                        for grade_id in sn34:
                            for class_id in sn56:
                                # 每班有 30 个学生，sn78 值为 1～30
                                for sn78 in range(1, 31):
                                    sn78 = str(sn78)
                                    # 不足两位时左侧补 0
                                    sn78 = sn78.zfill(2)
                                    # sn 为学号，长度为 8 位
                                    sn = college_id + grade_id + class_id + sn78
                                    print(sn)
                                    # 创建当前行第一列的单元格，值为学号
                                    ws.cell(row=row, column=1, value=sn)
                                    # 创建当前行第二列的单元格，格式为数值型，整数
                                    ws.cell(row=row, column=2).number_format = '0'
                                    # 设置当前行第二列的单元格值为成绩
                                    ws.cell(row=row, column=2, value=random.randint(0, 100))
                                    row = row + 1
```

（5）保存工作簿。

```
        wb.save(filename=excel_filename)        #保存工作簿到指定文件
        wb.close()                              # 关闭工作簿
```

（6）生成 Excel 文件内容。

在编辑器的 excel_1.py 选项卡中右击，在弹出的快捷菜单中选择运行 excel_1，会自动生成"大学计算机.xlsx"文件内容，在"项目"工具窗口中双击"大学计算机.xlsx"文件查看。

4．生成工作表"实验课成绩"数据

（1）关闭已打开的"大学计算机.xlsx"文件。

（2）在"项目"工具窗口中，选中 excel_1.py 文件右击，在弹出的快捷菜单中选择"重构"→"复制文件"，在"新名称"文本框中输入 excel_2.py，单击"确定"按钮。

（3）在编辑器 excel_2.py 选项卡中将代码：

```
        sn34 = ('18', '19', '20')        # 学号第 3、4 位，表示年级
        sn56 = ('01', '02', '03')        # 学号第 5、6 位，表示班级
```

替换为：

```
        sn34 = ('19', '18', '20')        # 学号第 3、4 位，表示年级
        sn56 = ('02', '01', '03')        # 学号第 5、6 位，表示班级
```

（4）将代码：

```
        wb = openpyxl.Workbook()        # 创建工作簿
```

```
ws = wb.active                          # 获取当前活动工作表
ws.title = "理论课平时成绩"              # 工作表标题
```
替换为：
```
wb = openpyxl.load_workbook(filename=excel_filename)          # 打开指定的文件
ws = wb.create_sheet('实验课成绩', 1)                          # 创建第二个工作表，索引为1
```
（5）生成 Excel 文件内容。

在编辑器的 excel_2.py 选项卡中右击，在弹出的快捷菜单中选择运行 excel_2，会自动生成"大学计算机.xlsx"文件内容，在"项目"工具窗口中双击"大学计算机.xlsx"文件查看。

5．生成工作表"期末考试成绩"数据

（1）关闭已打开的"大学计算机.xlsx"文件。

（2）在"项目"工具窗口中，选中 excel_2.py 文件右击，在弹出的快捷菜单中选择"重构"→"复制文件"，在"新名称"文本框中输入 excel_3.py，单击"确定"按钮。

（3）在编辑器的 excel_3.py 选项卡中将代码：
```
sn34 = ('19', '18', '20')       # 学号第3、4位，表示年级
sn56 = ('02', '01', '03')       # 学号第5、6位，表示班级
```
替换为：
```
sn34 = ('20', '19', '18')       # 学号第3、4位，表示年级
sn56 = ('03', '02', '01')       # 学号第5、6位，表示班级
```
（4）将代码：
```
ws = wb.create_sheet('实验课成绩', 1)          # 创建第二个工作表，索引为1
```
替换为：
```
ws = wb.create_sheet('期末考试成绩', 2)         # 创建第三个工作表，索引为2
```
（5）生成 Excel 文件内容。

在编辑器的 excel_3.py 选项卡中右击，在弹出的快捷菜单中选择运行 excel_3，计算机会自动生成"大学计算机.xlsx"文件内容，在"项目"工具窗口中双击"大学计算机.xlsx"文件查看。

六、思考题

如何生成上万条成绩记录？

5.2 数据合并案例设计

一、实验目的

熟练运用 PyCharm，掌握用 Python 第三方库 openpyxl 合并 Excel 数据的方法。

二、实验要求

在 PyCharm 中，使用第三方库 openpyxl 设计 Python 程序，将“理论课平时成绩”“实验课成绩”和“期末考试成绩”三个工作表的内容合并到“总成绩”工作表，根据总成绩中理论课平时成绩占 15%、实验课成绩占 15%和期末考试成绩占 70%的规则，计算出“总成绩”工作表的“总成绩”列数据，总成绩按四舍五入规则取整，如图 5-2-1 所示。

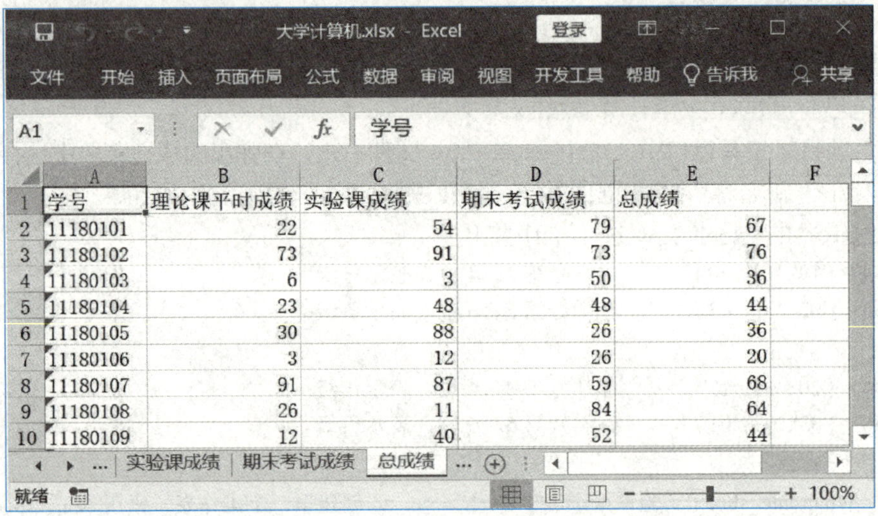

	A	B	C	D	E	F
1	学号	理论课平时成绩	实验课成绩	期末考试成绩	总成绩	
2	11180101	22	54	79	67	
3	11180102	73	91	73	76	
4	11180103	6	3	50	36	
5	11180104	23	48	48	44	
6	11180105	30	88	26	36	
7	11180106	3	12	26	20	
8	11180107	91	87	59	68	
9	11180108	26	11	84	64	
10	11180109	12	40	52	44	

图 5-2-1 “总成绩”工作表

三、预备知识

本次实验使用的关键代码说明如下：

（1）Worksheet.insert_rows (idx, amount=1)

在行索引 idx 之前插入一行或多行。

（2）Worksheet.max_row

获取工作表包含数据的最大行索引，从 1 开始。

（3）round(number, ndigits=None)

Python 内置函数，返回 number 舍入到小数点后 ndigits 位精度的值。如果 ndigits 被省略或为 None，则返回最接近 number 的整数。

四、注意事项

“理论课平时成绩”“实验课成绩”和“期末考试成绩”三个工作表的记录顺序并不完全一致，需要通过遍历得到相关联的数据记录。

五、实验步骤

1．合并数据到"总成绩"工作表

（1）单击"文件"→"新建"→"Python 文件"，输入 excel_4，按 Enter 键，文件会自动保存到当前项目目录下。在"项目"工具窗口中双击 excel_4.py 文件，在编辑器的 excel_4.py 选项卡中输入代码。

（2）导入。

```
import openpyxl
```

（3）编写代码打开"大学计算机.xlsx"文件。

```
excel_filename = '大学计算机.xlsx'                    # Excel 文件名
wb = openpyxl.load_workbook(filename=excel_filename)    # 打开指定的文件
```

（4）获取和创建工作表。

```
ws1 = wb['理论课平时成绩']  # 获取第一个工作表
ws2 = wb['实验课成绩']                              # 获取第二个工作表
ws3 = wb['期末考试成绩']                            # 获取第三个工作表
ws4 = wb.create_sheet('总成绩', 3)                  # 创建第四个工作表，索引为 3
```

（5）设置列宽。

```
ws4.column_dimensions['A'].width = 10              # 设置第一列宽度
ws4.column_dimensions['B'].width = 15              # 设置第二列宽度
ws4.column_dimensions['C'].width = 15              # 设置第三列宽度
ws4.column_dimensions['D'].width = 15              # 设置第四列宽度
```

（6）获取工作表行数。

```
nrows_ws1 = ws1.max_row                    # 获取第一个工作表包含数据的最大行索引
nrows_ws2 = ws2.max_row                    # 获取第二个工作表包含数据的最大行索引
nrows_ws3 = ws3.max_row                    # 获取第三个工作表包含数据的最大行索引
```

（7）遍历第一、第二和第三个工作表，将学生的三项成绩合并到第四个工作表。

```
# 遍历第一个工作表,openpyxl 行索引和列索引从 1 开始
for irow_ws1 in range(1, nrows_ws1 + 1):
    # 复制第一个工作表一行数据（学号、理论课平时成绩）到第四个工作表
    ws4.cell(row=irow_ws1, column=1, value=ws1.cell(row=irow_ws1, column=1).value)
    ws4.cell(row=irow_ws1, column=2).number_format = '0'
    ws4.cell(row=irow_ws1, column=2, value=ws1.cell(row=irow_ws1, column=2).value)
    # 遍历第二个工作表，找到当前学生的实验课成绩
    for irow_ws2 in range(1, nrows_ws2 + 1):
        if ws2.cell(irow_ws2, 1).value == ws4.cell(irow_ws1, 1).value:
            ws4.cell(irow_ws1, 3).number_format = '0'
            # 复制第二个工作表的实验课成绩到第四个工作表
            ws4.cell(irow_ws1, 3, value=ws2.cell(irow_ws2, 2).value)
            break
    # 遍历第三个工作表，找到当前学生的期末考试成绩
    for irow_ws3 in range(1, nrows_ws3 + 1):
```

```
                    if ws3.cell(irow_ws3, 1).value == ws4.cell(irow_ws1, 1).value:
                        ws4.cell(irow_ws1, 4,).number_format = '0'
                        # 复制第三个工作表的期末考试成绩到第四个工作表
                        ws4.cell(irow_ws1, 4, value=ws3.cell(irow_ws3, 2).value)
                        break
```

（8）新增表头行。

```
    ws4.insert_rows(1)                          # 新增表头行
    ws4.cell(1, 1, value='学号')                 # 第一列标题
    ws4.cell(1, 2, value='理论课平时成绩')        # 第二列标题
    ws4.cell(1, 3, value='实验课成绩')           # 第三列标题
    ws4.cell(1, 4, value='期末考试成绩')         # 第四列标题
```

（9）保存工作簿。

```
    wb.save(filename=excel_filename)            # 保存工作簿到指定文件
    wb.close()   # 关闭工作簿
```

（10）生成 Excel 文件内容。

在编辑器的 excel_4.py 选项卡中右击，在弹出的快捷菜单中选择运行 excel_4，会自动生成"大学计算机.xlsx"文件内容，在"项目"工具窗口中双击"大学计算机.xlsx"文件查看。

2．计算生成"总成绩"列数据

（1）关闭已打开的"大学计算机.xlsx"文件。

（2）单击"文件"→"新建"→"Python 文件"，输入 excel_5，按 Enter 键，文件会自动保存到当前项目目录下。在"项目"工具窗口中双击 excel_5.py 文件，在编辑器的 excel_5.py 选项卡中输入代码。

（3）导入。

```
    import openpyxl
```

（4）编写代码打开"大学计算机.xlsx"文件。

```
    excel_filename = '大学计算机.xlsx'                        # excel 文件名
    wb = openpyxl.load_workbook(filename=excel_filename)      # 打开指定的文件
```

（5）获取并设置工作表。

```
    ws = wb['总成绩']                           # 获取第四个工作表
    rows = ws.max_row                          # 获取工作表包含数据的最大行索引
    ws.cell(1, 5, value='总成绩')              # 第五列标题
    ws.column_dimensions['E'].width = 15       # 设置第五列宽度
```

（6）生成总成绩。

```
    # 成绩数据从第二行开始
    for irow in range(2, rows + 1):
        # 理论课平时成绩占 15%、实验课成绩占 15%、期末考试成绩占 70%
        score = ws.cell(irow, 2).value * 0.15 + ws.cell(irow, 3).value * 0.15 + ws.cell(irow, 4).value * 0.7
        # 总成绩保留整数，自定义单元格格式可实现相同功能
        score = round(score, 0)
        ws.cell(irow, 5).number_format = '0'
        ws.cell(irow, 5, value=score)
```

（7）保存工作簿。

```
wb.save(filename=excel_filename)          # 保存工作簿到指定文件
wb.close()                                # 关闭工作簿
```

（8）生成 Excel 文件内容。

在编辑器的 excel_5.py 选项卡中右击，在弹出的快捷菜单中选择运行 excel_5，会自动生成"大学计算机.xlsx"文件内容，在"项目"工具窗口中双击"大学计算机.xlsx"文件查看。

六、思考题

使用 Excel 或 WPS 软件操作"大学计算机.xlsx"，如何将学生的三项成绩进行合并？

5.3 数据统计分析案例设计

一、实验目的

熟练运用 PyCharm，掌握用 Python 第三方库 openpyxl 统计分析 Excel 数据的方法。

二、实验要求

（1）在 PyCharm 中，使用第三方库 openpyxl 设计 Python 程序，不改变"总成绩"工作表记录默认顺序，对"总成绩"工作表中总成绩低于 60 分的数据进行标注，如图 5-3-1 所示。

	大学计算机.xlsx - Excel					
A1	学号					
	A	B	C	D	E	F
1	学号	理论课平时成绩	实验课成绩	期末考试成绩	总成绩	
2	11180101	22	54	79	67	
3	11180102	73	91	73	76	
4	11180103	6	3	50	36	
5	11180104	23	48	48	44	
6	11180105	30	88	26	36	
7	11180106	3	12	26	20	
8	11180107	91	87	59	68	
9	11180108	26	11	84	64	
10	11180109	12	40	52	44	

图 5-3-1 "总成绩"工作表数据标注

（2）查找"总成绩"工作表中理论课平时成绩为 0 分或实验课成绩为 0 分或期末考试成绩为 0 分的记录，保存到"成绩为 0"工作表，如图 5-3-2 所示。

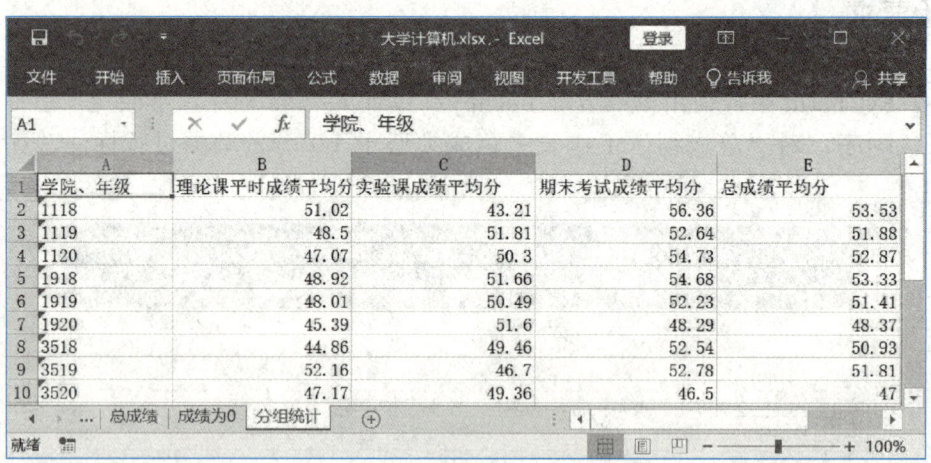

图 5-3-2   "成绩为 0"工作表

（3）将"总成绩"工作表数据按学院和年级分组，统计理论课平时成绩平均分、实验课成绩平均分、期末考试成绩平均分和总成绩分平均分，保存到"分组统计"工作表，如图 5-3-3 所示。

图 5-3-3   "分组统计"工作表

三、预备知识

本次实验使用的关键代码说明如下：

（1）openpyxl.styles.fonts.Font(name=None, sz=None, b=None, i=None, charset=None, u=None, strike=None, color=None, scheme=None, family=None, size=None, bold=None, italic=None, strikethrough=None, underline=None, vertAlign=None, outline=None, shadow=None, condense=None, extend=None)

样式中使用的字体选项。

（2）openpyxl.styles.PatternFill (patternType=None, fgColor=Color(), bgColor=Color(),fill_type= None, start_color=None, end_color=None)

样式中使用的区域填充模式，如果不指定 fill_type，其他属性将不起作用。

（3）openpyxl.styles.borders.Side(style=None, color=None, border_style=None)

样式中的边框选项，如果不指定边框样式，其他属性将不起作用。

（4）openpyxl.styles.borders.Border (left=Side(), right=Side(), top=Side(), bottom=Side(), diagonal= Side(), diagonal_direction=None, vertical=None, horizontal=None, diagonalUp=False, diagonalDown= False, outline=True, start=None, end=None)

样式中使用的边框定位。

（5）Worksheet.max_column

工作表包含数据的最大列索引，从 1 开始。

四、注意事项

按实验要求顺序进行实验，工作表名和实验要求一致。

五、实验步骤

1．统计并标注总成绩低于 60 分的记录

（1）单击"文件"→"新建"→"Python 文件"，输入 excel_6，按 Enter 键，文件会自动保存到当前项目目录下。在"项目"工具窗口中双击 excel_6.py 文件，在编辑器的 excel_6.py 选项卡中输入代码。

（2）导入。

```
import openpyxl
```

（3）编写代码打开"大学计算机.xlsx"文件。

```
excel_filename = '大学计算机.xlsx'                      # Excel 文件名
wb = openpyxl.load_workbook(filename=excel_filename)    # 打开指定的文件
```

（4）获取工作表。

```
ws = wb['总成绩']                                       # 获取第四个工作表
```

（5）定义字体、填充、线条和边框

```
# 字体
my_font = openpyxl.styles.fonts.Font(color='0000FF', bold=True)
# 填充
my_fill = openpyxl.styles.PatternFill(fill_type='solid', fgColor='00FF00')
# 线条
my_side = openpyxl.styles.borders.Side(style='medium', color="0000FF")
```

边框

```
my_border = openpyxl.styles.borders.Border(left=my_side, right=my_side, top=my_side, bottom=my_side)
```

（6）获取工作表行、列数。

```
nrows = ws.max_row              # 获取工作表包含数据的最大行索引
ncolumns = ws.max_column        # 获取工作表包含数据的最大列索引
```

（7）统计并标注总成绩低于 60 分的记录。

```
# 成绩数据从第二行开始
for i in range(2, nrows + 1):
    if ws.cell(i, 5).value < 60:
        # 设置单元格字体、填充和边框
        ws.cell(i, 1).font = my_font
        ws.cell(i, 1).fill = my_fill
        ws.cell(i, 1).border = my_border
```

（8）保存工作簿。

```
wb.save(filename=excel_filename)    # 保存工作簿到指定文件
wb.close()                          # 关闭工作簿
```

（9）生成 Excel 文件内容。

在编辑器的 excel_6.py 选项卡中右击，在弹出的快捷菜单中选择运行 excel_6，会自动生成"大学计算机.xlsx"文件内容，在"项目"工具窗口中双击"大学计算机.xlsx"文件查看。

2．统计成绩为 0 分的记录

（1）关闭已打开的"大学计算机.xlsx"文件。

（2）单击"文件"→"新建"→"Python 文件"，输入 excel_7，按 Enter 键，文件会自动保存到当前项目目录下。在"项目"工具窗口中双击 excel_7.py 文件，在编辑器的 excel_7.py 选项卡中输入代码。

（3）导入。

```
import openpyxl
```

（4）编写代码打开"大学计算机.xlsx"文件。

```
excel_filename = '大学计算机.xlsx'                          # excel 文件名
wb = openpyxl.load_workbook(filename=excel_filename)        # 打开指定的文件
```

（5）获取和创建工作表。

```
ws4 = wb['总成绩']                      # 获取第四个工作表
ws5 = wb.create_sheet('成绩为 0', 4)    # 创建第五个工作表，索引为 4
```

（6）获取工作表行数。

```
nrows = ws4.max_row                     # 获取工作表包含数据的最大行索引
```

（7）查找平时成绩为 0 分或实验课成绩为 0 分或期末考试成绩为 0 分的记录。

```
for irow in range(2, nrows + 1):
    # 查找平时成绩为 0 分或实验课成绩为 0 分或期末考试成绩为 0 分的记录
    if ws4.cell(irow, 2).value == 0 or ws4.cell(irow, 3).value == 0 or ws4.cell(irow, 4).value == 0:
        # 追加记录
```

```
            new_row = [ws4.cell(irow, 1).value, ws4.cell(irow, 2).value, ws4.cell(irow, 3).value,
    ws4.cell(irow, 4).value, ws4.cell(irow, 5).value]
            ws5.append(new_row)
```

（8）新增表头行。

```
    ws5.insert_rows(1)                        # 新增表头行
    ws5.cell(1, 1, value='学号')              # 第一列标题
    ws5.cell(1, 2, value='理论课平时成绩')     # 第二列标题
    ws5.cell(1, 3, value='实验课成绩')         # 第三列标题
    ws5.cell(1, 4, value='期末考试成绩')       # 第四列标题
    ws5.cell(1, 5, value='总成绩')            # 第五列标题
```

（9）保存工作簿。

```
    wb.save(filename=excel_filename)          # 保存工作簿到指定文件
    wb.close()   # 关闭工作簿
```

（10）生成 Excel 文件内容。

在编辑器的 excel_7.py 选项卡中右击，在弹出的快捷菜单中选择运行 excel_7，会自动生成"大学计算机.xlsx"文件内容，在"项目"工具窗口中双击"大学计算机.xlsx"文件查看。

3．按学院、年级分组统计

（1）关闭已打开的"大学计算机.xlsx"文件。

（2）单击"文件"→"新建"→"Python 文件"，输入 excel_8，按 Enter 键，文件会自动保存到当前项目目录下。在"项目"工具窗口中双击 excel_8.py 文件，在编辑器的 excel_8.py 选项卡中输入代码。

（3）导入。

```
    import openpyxl
```

（4）编写代码打开"大学计算机.xlsx"文件。

```
    excel_filename = '大学计算机.xlsx'                        # excel 文件名
    wb = openpyxl.load_workbook(filename=excel_filename)      # 打开指定的文件
```

（5）获取和创建工作表。

```
    ws4 = wb['总成绩']   # 获取第四个工作表
    ws6 = wb.create_sheet('分组统计', 5)                      # 创建第六个工作表，索引为 5
```

（6）新增表头行。

```
    row_title = ['学院、年级', '理论课平时成绩平均分', '实验课成绩平均分', '期末考试成绩平均分', '总成
    绩平均分']
    ws6.append(row_title)
```

（7）设置列宽。

```
    ws6.column_dimensions['A'].width = 15                     # 设置第一列宽度
    ws6.column_dimensions['B'].width = 20                     # 设置第二列宽度
    ws6.column_dimensions['C'].width = 20                     # 设置第三列宽度
    ws6.column_dimensions['D'].width = 20                     # 设置第四列宽度
    ws6.column_dimensions['E'].width = 20                     # 设置第五列宽度
```

（8）获取工作表行数。

```
nrows_ws4 = ws4.max_row                              # 获取工作表包含数据的最大行索引
```

（9）获取学院编码、年级编码作为组 ID。

```
all_groups = []    # 保存所有组的 ID
for irow in range(2, nrows_ws4 + 1):
    sn = ws4.cell(irow, 1).value
    group_id = sn[0:4]                               # 获取学院编码、年级编码作为组 ID
    if group_id not in all_groups:
        all_groups.append(group_id)
```

（10）计算各组的平均成绩。

```
for group_id in all_groups:
    # 平均分初始值均为 0
    score1 = score2 = score3 = score4 = 0
    num = 0
    # 成绩数据从第二行开始
    for irow in range(2, nrows_ws4 + 1):
        sn = ws4.cell(irow, 1).value
        college_grade_id = sn[0:4]
        # 判断是否属于该组
        if college_grade_id == group_id:
            score1 = score1 + ws4.cell(irow, 2).value
            score2 = score2 + ws4.cell(irow, 3).value
            score3 = score3 + ws4.cell(irow, 4).value
            score4 = score4 + ws4.cell(irow, 5).value
            num = num + 1
    # 分别求该组的四项平均成绩，保留 2 位小数
    score1 = round(score1 / num, 2)
    score2 = round(score2 / num, 2)
    score3 = round(score3 / num, 2)
    score4 = round(score4 / num, 2)
    # 将统计结果追加到第六个工作表
    new_row = [group_id, score1, score2, score3, score4]
    ws6.append(new_row)
```

（11）保存工作簿。

```
wb.save(filename=excel_filename)          # 保存工作簿到指定文件
wb.close()                                # 关闭工作簿
```

（12）生成 Excel 文件内容。

在编辑器的 excel_8.py 选项卡中右击，选择运行 excel_8，会自动生成"大学计算机.xlsx"文件内容，在"项目"工具窗口中双击"大学计算机.xlsx"文件查看。

六、思考题

如果某些同学的实验成绩记录缺失，如何统计得出结果？

5.4 数据可视化案例设计

一、实验目的

熟练运用 PyCharm，掌握用 Python 第三方库 openpyxl 生成 Excel 图表的方法。

二、实验要求

在 PyCharm 中，使用第三方库 openpyxl 设计 Python 程序，根据"分组统计"工作表数据在 Excel 文件中生成折线图、三维条形图和雷达图，置于相应工作表中，如图 5-4-1、图 5-4-2 和图 5-4-3 所示。

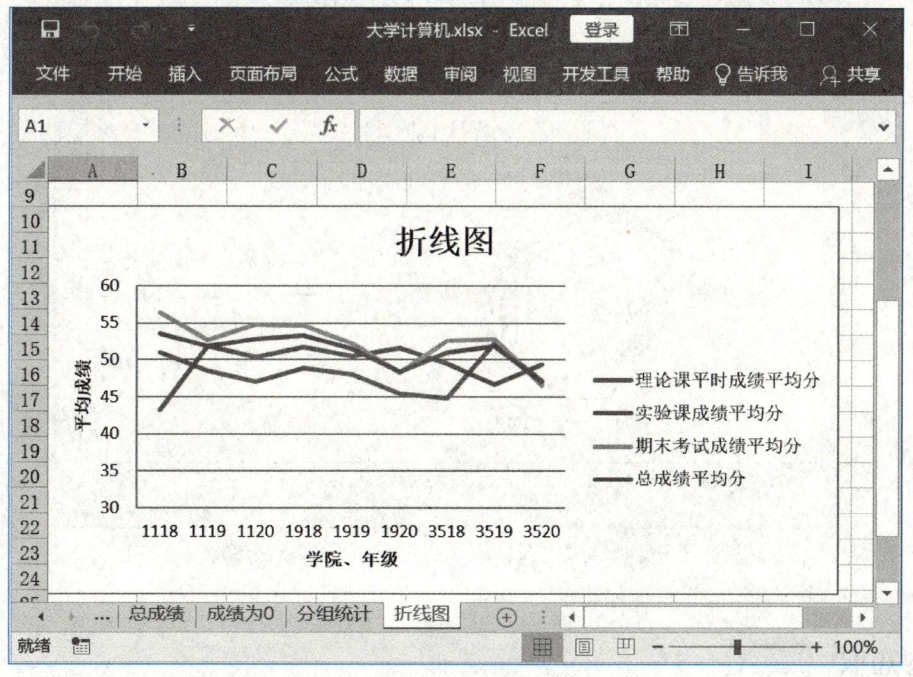

图 5-4-1 "折线图"工作表

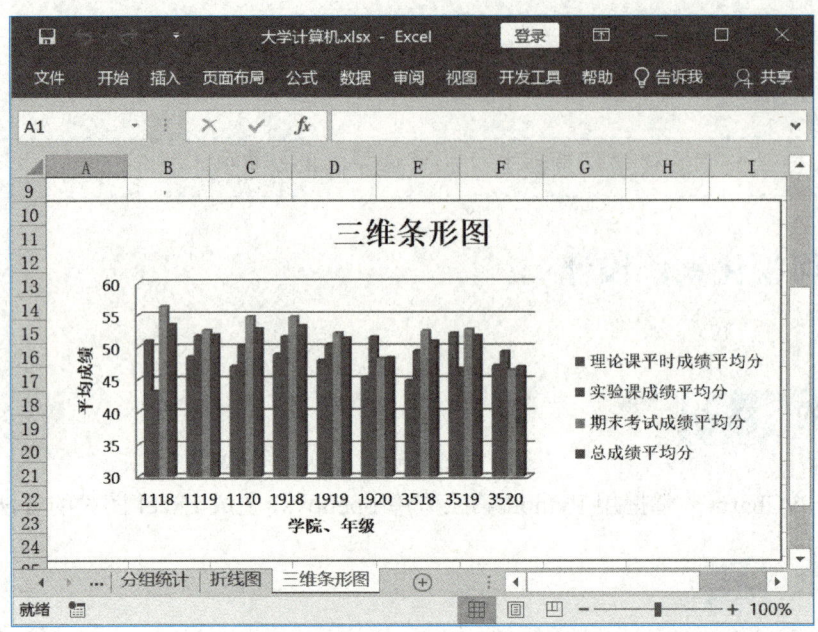

图 5-4-2　"三维条形图"工作表

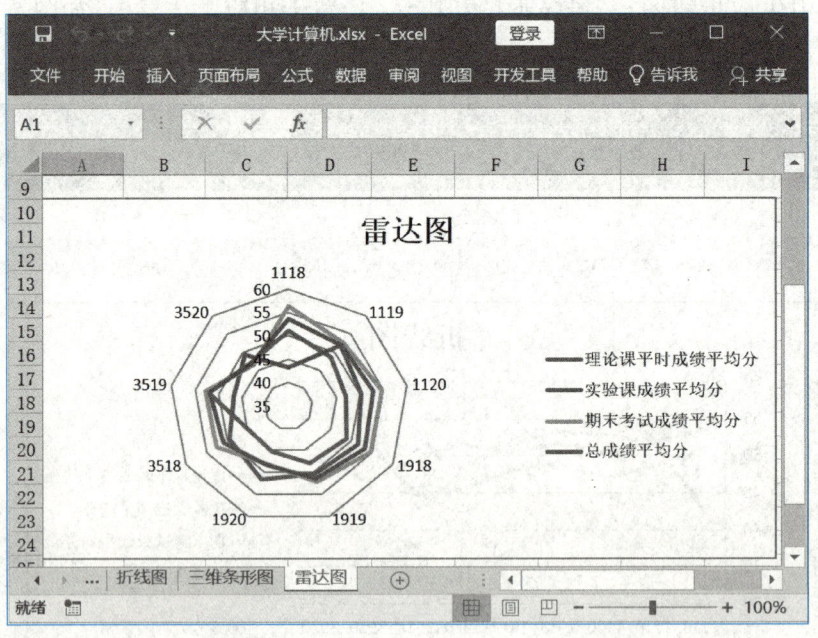

图 5-4-3　"雷达图"工作表

三、预备知识

Excel 图表有多种类型，使用 Python 第三方库 openpyxl 可以创建不同类型的图表。本次实验使用的关键代码说明如下：

（1）LineChart()：创建折线图。

（2）BarChart3D()：创建三维条形图。

（3）RadarChart()：创建雷达图。

Excel 图表由多种图表元素构成，使用 openpyxl 可以设置图表元素，以折线图为例，如图 5-4-4 所示。

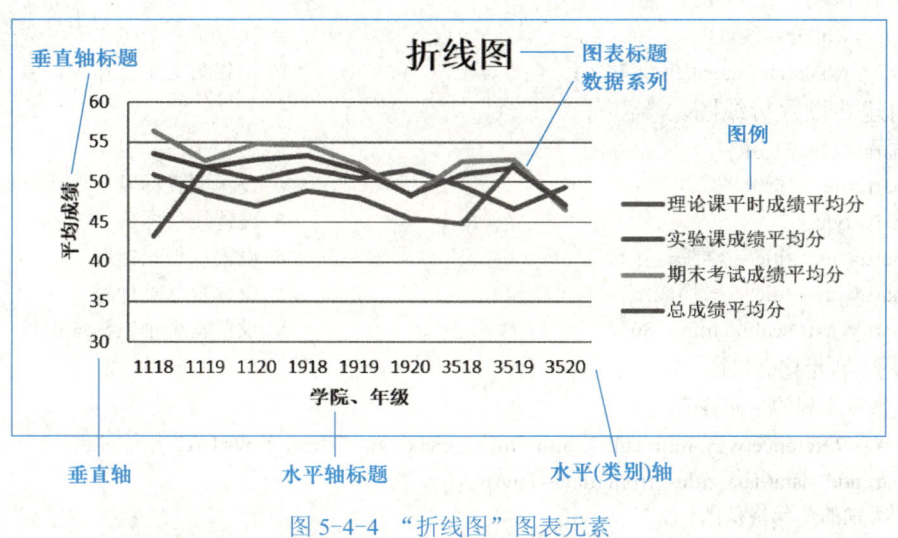

图 5-4-4 "折线图"图表元素

（4）Reference()：规范化单元格区域引用。

（5）add_data()：将数据系列添加到图表，数据系列是在工作表中输入并绘制在图表中的数字行或列。

（6）titles_from_data：设置图例，图例用于帮助读者理解图表数据。

（7）set_categories()：将类别轴信息添加到图表，图表的水平（类别）轴用于显示文本标签。

（8）add_chart()：将图表添加到工作表。

四、注意事项

注意图表中数据系列的单元格范围和类别的单元格范围。

五、实验步骤

1．绘制折线图

（1）单击"文件"→"新建"→"Python 文件"，输入 excel_9，按 Enter 键，文件会自动保存到当前项目目录下。在"项目"工具窗口中双击 excel_9.py 文件，在编辑器的 excel_9.py 选项卡中输入代码。

（2）导入。

```
import openpyxl
```

```
from openpyxl.chart import LineChart
from openpyxl.chart import Reference
```

（3）编写代码打开"大学计算机.xlsx"文件。

```
excel_filename = '大学计算机.xlsx'                    # Excel 文件名
wb = openpyxl.load_workbook(filename=excel_filename)   # 打开指定的文件
```

（4）获取和创建工作表。

```
ws6 = wb['分组统计']                                  # 获取第六个工作表
ws7 = wb.create_sheet('折线图', 6)                    # 创建第七个工作表，索引为 6
```

（5）创建并设置折线图。

```
chart = LineChart()
chart.title = "折线图"                                # 设置图表标题
chart.style = 2                                       # 设置线条样式
chart.x_axis.title = '学院、年级'                      # 设置水平轴标题
chart.y_axis.title = '平均成绩'                        # 设置垂直轴标题
chart.y_axis.scaling.min = 30                         # 设置垂直轴坐标最小值
```

（6）设置单元格范围。

```
# 数据系列的单元格范围
data = Reference(ws6, min_col=2, min_row=1, max_col=5, max_row=10)
chart.add_data(data, titles_from_data=True)
# 类别的单元格范围
cats = Reference(ws6, min_col=1, min_row=2, max_row=10)
chart.set_categories(cats)
```

（7）向工作表中添加图表。

```
ws7.add_chart(chart, "A10")                           # 向工作表中添加图表
```

（8）保存工作簿。

```
wb.save(filename=excel_filename)                      # 保存工作簿到指定文件
wb.close()                                            # 关闭工作簿
```

（9）生成 Excel 文件内容。

在编辑器的 excel_9.py 选项卡中右击，在弹出的快捷菜单中选择运行 excel_9，会自动生成"大学计算机.xlsx"文件内容，在"项目"工具窗口中双击"大学计算机.xlsx"文件查看。

2．绘制三维条形图

（1）关闭已打开的"大学计算机.xlsx"文件。

（2）在"项目"工具窗口中，选中 excel_9.py 文件右击，在弹出的快捷菜单中选择"重构"→"复制文件"，在"新名称"文本框中输入 excel_10.py，单击"确定"按钮。

（3）在编辑器的 excel_10.py 选项卡中将代码：

```
from openpyxl.chart import LineChart
```

替换为：

```
from openpyxl.chart import BarChart3D
```

（4）将代码：

```
ws7 = wb.create_sheet('折线图', 6)   # 创建第七个工作表，索引为 6
```

替换为：

```
ws8 = wb.create_sheet('三维条形图', 7)    # 创建第八个工作表，索引为 7
```
（5）将代码：
```
chart = LineChart()
chart.title = "折线图"                    # 设置图表标题
```
替换为：
```
chart = BarChart3D()
chart.title = "三维条形图"                # 设置图表标题
```
（6）将代码：
```
ws7.add_chart(chart, "A10")              # 向工作表中添加图表
```
替换为：
```
ws8.add_chart(chart, "A10")              # 向工作表中添加图表
```
（7）生成 Excel 文件内容。

在编辑器的 excel_10.py 选项卡中右击，在弹出的快捷菜单中选择运行 excel_10，会自动生成"大学计算机.xlsx"文件内容，在"项目"工具窗口中双击"大学计算机.xlsx"文件查看。

3. 绘制雷达图

（1）关闭已打开的"大学计算机.xlsx"文件。

（2）在"项目"工具窗口中，选中 excel_10.py 文件右击，在弹出的快捷菜单中选择"重构"→"复制文件"，在"新名称"文本框中输入 excel_11.py，单击"确定"按钮。

（3）在编辑器的 excel_11.py 选项卡中将代码：
```
from openpyxl.chart import BarChart3D
```
替换为：
```
from openpyxl.chart import RadarChart
```
（4）将代码：
```
ws8 = wb.create_sheet('三维条形图', 7)    # 创建第八个工作表，索引为 7
```
替换为：
```
ws9 = wb.create_sheet('雷达图', 8)        # 创建第九个工作表，索引为 8
```
（5）将代码：
```
chart = BarChart3D()
chart.title = "三维条形图"                # 设置图表标题
```
替换为：
```
chart = RadarChart()
chart.title = "雷达图"                    # 设置图表标题
```
（6）删除以下代码：
```
chart.x_axis.title = '学院、年级'          # 设置水平轴标题
chart.y_axis.title = '平均成绩'            # 设置垂直轴标题
```
（7）将代码：
```
chart.y_axis.scaling.min = 30            # 设置垂直轴坐标最小值
```
替换为：
```
chart.y_axis.scaling.min = 35            # 设置雷达轴坐标最小值
```

（8）将代码：

```
ws8.add_chart(chart, "A10")    # 向工作表中添加图表
```

替换为：

```
ws9.add_chart(chart, "A10")    # 向工作表中添加图表
```

（9）生成 Excel 文件内容。

在编辑器的 excel_11.py 选项卡中右击，在弹出的快捷菜单中选择运行 excel_11，会自动生成"大学计算机.xlsx"文件内容，在"项目"工具窗口中双击"大学计算机.xlsx"文件查看。

六、思考题

如何在同一个工作表中生成多个图表？

第6章

算法及程序案例设计

6.1 设计计算 x^n 的递归算法及程序

一、实验目的

通过设计求 x^n 值的递归算法和程序，了解递归的基本概念、应用范围和设计方法，掌握算法的意义以及与程序的关系。

二、实验要求

定义函数 f(x,n)，其功能是用递归法计算 x^n 的值。在 main 函数中，输入 x 和 n 的值，调用 f(n,n)函数求值。

三、预备知识

求 x^n 可以用下面的递归公式表示：

$$x^n = \begin{cases} 1, & n=0 \\ x, & n=1 \\ x \times x^{n-1}, & n>1 \end{cases}$$

定义一个递归函数 f(x,n)用于求 x^n 的值。例如，求 2^5 的递归过程如图 6-1-1 所示。

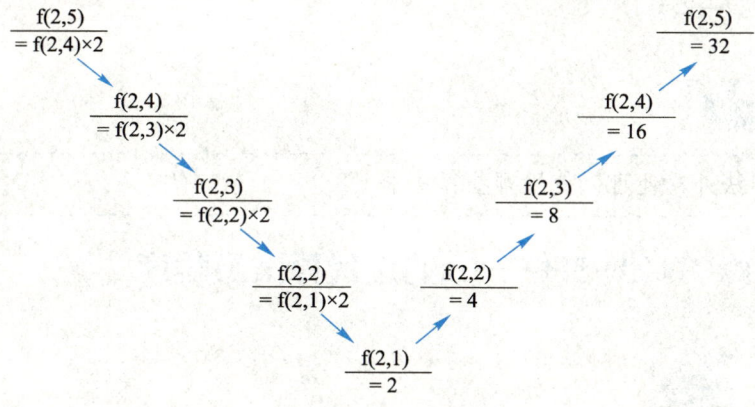

图 6-1-1 求 2^5 的递归过程

四、注意事项

递归调用要有一个终止条件，否则会无限递归下去。

五、实验步骤

（1）启动 Python，单击 Fle→New File 选项，在编辑框中输入如下代码。

```
def f(x,n):                          #定义 f 函数
    if n==0:                         #判断 n 是否等于 0
        s=1                          #若 n 等于 0，将 1 赋给 s
    else:                            #若 n 不等于 0，执行下面语句
        if n==1:                     #判断 n 是否等于 1
            s=x                      #若 n 等于 1，将 x 赋给 s
        else:                        #若 n 大于 1，执行下面语句
            s=x*f(x,n-1)             #调用 f 函数递归求 x 的 n-1 次方
    return s                         #将 s 作为 f 函数的返回值
def main():                          #定义 main 函数
    x=int(input("请输入 x 的值："))   #将输入的字符型数据转换为整型数据赋给 x
    n=int(input("请输入 n 的值："))   #将输入的字符型数据转换为整型数据赋给 n
    if n<0:                          #判断 n 的值是否小于 0
        print(n,"的值不能为负！")     #若 n 小于 0，输出"值不能为负！"
    else:                            #若 n 大于或等于 0，执行下面语句
        jc=f(x,n)                    #调用 f 函数递归求 x 的 n 次方，将 f 函数的返回值赋给 jc
    print(x,"的",n,"次方=",jc)        #输出结果
if __name__=='__main__': main()
```

（2）单击 File→Save As 选项，在"另存为"对话框中选择保存路径并输入文件名 sy7-1，单击"确定"按钮。

（3）单击 Run→Run Module 选项运行程序，运行结果如下所示。

```
>>>
请输入 x 的值：2
请输入 n 的值：8
2 的 8 次方= 256
>>>
```

六、思考题

除使用递归法外，还可以使用哪些算法求 x^n？

6.2　设计计算 1!+2!+3!+⋯+n!的迭代算法及程序

一、实验目的

通过设计计算 1!+2!+3!+⋯+n!的迭代算法和程序，了解迭代的基本概念、应用范围和设计

方法，掌握迭代算法的程序设计方法。

二、实验要求

设计程序。运行程序时，输入 1 个整数赋给变量 *n*，用迭代法求 1! + 2! + 3! + … +*n*!的值并将结果输出。

三、预备知识

计算 1! + 2! + 3! + … +*n*!的迭代算法如图 6-2-1 所示。其中，变量 t 存放阶乘的值，变量 s 存放阶乘的和。

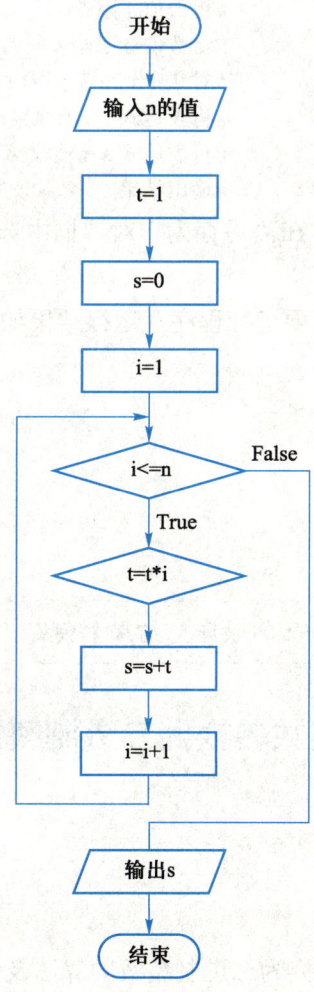

图 6-2-1　计算 1!+2!+3!+…+*n*!的迭代算法

四、注意事项

t 的初值应赋为 1 而不能赋为 0。

五、实验步骤

（1）启动 Python，单击 File→New File 选项，在编辑框中输入如下代码。

```
n=int(input("请输入 n 的值："))        #将输入的字符型数据转换为整型数据赋给 n
if n<=0:                              #判断 n 是否小于或等于 0
    print(n,"的值要大于 0")           #若 n 小于或等于 0，输出"值要大于 0"
else:                                #若 n 大于 0，执行下面语句
    t=1                              #将数值 1 赋给 t
    s=0                              #将数值 0 赋给 s
    for i in range(1,n+1):           #对从 1 到 n 范围内的整数逐一执行一次循环体语句
        t=t*i                        #将表达式 t*i 值赋给 t
        s=s+t                        #将表达式 s+t 值赋给 s
    print("1!+2!+...+",n,"! =", s)   #输出结果
```

（2）单击 File→Save As 选项，在"另存为"对话框中选择保存路径并输入文件名 sy7-2，单击"确定"按钮。

（3）单击 Run→Run Module 选项运行程序，运行结果如下所示。

```
>>>
请输入 n 的值：3
1!+2!+…+ 3 ! = 9
>>>
```

六、思考题

如果交换语句 t＝t＊i 与 s＝s＋t 的顺序，结果如何？

6.3　用栈设计将十进制整数转换为二进制整数的算法及程序

一、实验目的

通过用栈设计将十进制整数转换为二进制整数的算法及程序，掌握整数的进制转换的算法及栈的作用，了解栈的基本概念、应用范围和程序的设计方法。

二、实验要求

设计程序实现将十进制整数转换为二进制整数。定义顺序栈类 SqStack，调用 push 方法使元素入栈，调用 pop 方法使元素出栈。在 main 函数中，输入一个十进制整数，将该数逐次除以 2 的余数入栈，直到商为 0 为止。将余数依次出栈，按余数出栈顺序所构成的数字串即为转换结果。

三、预备知识

1．十进制整数转换为二进制整数

将十进制整数转换为二进制整数采用"除 2 取余"法，即用十进制整数除以 2，得到一个余数（能够整除的余数为 0），然后用得到的商再除以 2，重复以上运算，直到商为 0 为止，最后将得到的所有余数从最后一个到第一个依次排列，即为所求的二进制数。其转换算法如图 6-3-1 所示。

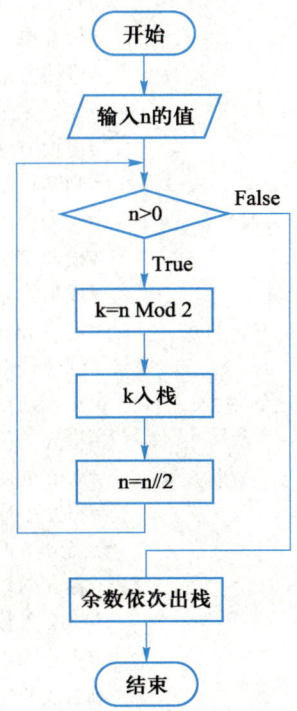

图 6-3-1　将十进制整数转换成二进制整数的算法

2．顺序栈

用列表模拟一个顺序栈用于存放余数。

（1）入栈：调用 push 方法使余数入栈。

（2）出栈：调用 pop 方法使栈顶元素出栈。

四、注意事项

元素入栈调用列表的 append 方法实现，所以栈能容纳的元素个数只受内存空间大小的限制。

五、实验步骤

（1）启动 Python，单击 File→New File 选项，在编辑框中输入如下代码。

```python
class SqStack:
    def __init__(self):                              #构造方法
        self.data=[]                                 #初始栈为空
    def empty(self):                                 #判断栈空方法
        if len(self.data)==0:                        #判断元素个数是否为 0
            return True                              #栈空，返回 True
        return False                                 #栈非空，返回 False
    def push(self,e):                                #进栈方法
        self.data.append(e)                          #元素 e 进栈
    def pop(self):                                   #出栈方法
        if self.empty():                             #判断栈是否为空
            print("栈空，出栈失败！")                 #栈为空，输出"栈空，出栈失败！"
        else:                                        #栈非空
            return self.data.pop()                   #栈顶元素出栈
def main():                                          #定义 main 函数
    nk=SqStack()                                     #创建栈对象 nk
    n=int(input("请输入 1 个十进制整数："))           #输入数据转换为整型数据赋给 n
    num=n                                            #将 n 的值赋给变量 num
    n=abs(n)                                         #将 n 的绝对值赋给 n
    s=""                                             #将空串赋给 s
    while n>0:                                        #当 n>0 时执行下面循环体语句
        k=n%2                                        #将 n 除以 2 的余数赋给 k
        nk.push(k)                                   #将 k 入栈
        n=n//2                                       #将 n 除以 2 的商赋给 n
    while not nk.empty():                             #当栈非空时执行循环体语句
        s+=str(nk.pop())                             #栈顶元素出栈，并与字符串 s 首尾相连构成新串
    if n>=0:                                          #判断 n 的值是否大于或等于 0
        print("十进制整数",n,"转换为二进制整数是",s)       #输出正十进制整数转换结果
    else:                                            #
        print("十进制整数",n,"转换为二进制整数是-",s)      #输出负十进制整数转换结果
if __name__=='__main__': main()
```

（2）单击 File→Save As 选项，在"另存为"对话框中选择保存路径并输入文件名 sy7-3，单击"确定"按钮。

（3）单击 Run→Run Module 选项运行程序，运行结果如下所示。

>>>
请输入 1 个十进制整数：255
十进制整数 255 转换为二进制整数是 11111111
>>>

再次运行结果如下所示。

>>>
请输入 1 个十进制整数：-100
十进制整数 -100 转换为二进制整数是 - 1100100
>>>

六、思考题

用列表模拟栈，进栈操作和出栈操作可以穿插进行，若进栈顺序依次为 1、2、3、4、5，编程验证有几种出栈序列。

6.4 用队列设计将十进制小数转换为二进制小数的算法及程序

一、实验目的

通过设计利用顺序队列将十进制小数转换为二进制小数的算法及程序，掌握小数进制转换的方法，了解顺序队列的基本概念、应用范围和设计方法，掌握算法的意义以及与程序的关系。

二、实验要求

设计程序实现将十进制小数转换为二进制小数。定义顺序队列类 SqQueue，调用 push 方法使元素入队，调用 pop 方法使元素出队。在 main 函数中，输入一个十进制小数，将十进制小数逐次乘以 2 所取得的整数入队，直到小数部分为 0 或精确到小数点后第几位。将整数依次出队，按整数出队顺序构成的数字串即为二进制的小数部分。

三、预备知识

1．十进制小数转换为二进制小数
将十进制小数转换为二进制小数采用"乘 2 取整"法，即用十进制小数乘以 2，取出整数，然后将余下的小数部分再乘以 2，重复以上运算，直到小数为 0 或精确到小数点后相应的位数，最后将得到的所有整数从第一个到最后一个依次排列，即为所求的二进制小数。其转换算法如图 6-4-1 所示。

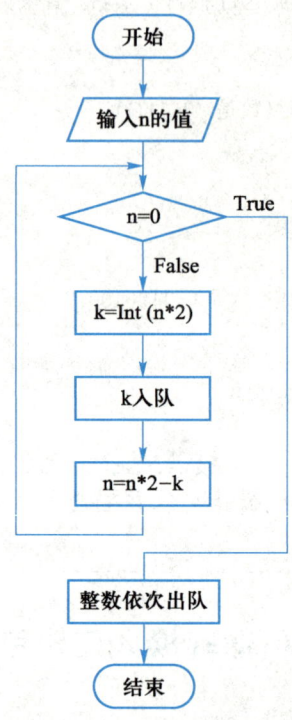

图 6-4-1　将十进制小数转换为二进制小数的算法

2．顺序队列

用列表模拟一个顺序队列用于存放整数。

（1）入队：调用 push 方法使整数入队。

（2）出队：调用 pop 方法使队头元素出队。

四、注意事项

创建能容纳 MaxSize 个元素空列表的方法为：data=[none]*MaxSize。

五、实验步骤

（1）启动 Python，单击 File→New File 选项，在编辑框中输入如下代码。

```
MaxSize=10                          #设置队列容量为 10
class SqQueue:                      #顺序队列类
    def __init__(self):             #构造方法
        self.data=[None]*MaxSize    #创建 1 个空队列，用于存放队列元素
        self.front=-1               #设置队头位置
```

```
            self.rear=-1                           #设置队尾位置
        def empty(self):                           #判断空队列方法
            return self.front==self.rear           #队列为空返回 True，否则返回 False
        def push(self,e):                          #入队方法
            if self.rear==MaxSize-1:               #判断队列是否为满
                print("队满，入队失败！")            #队列满，则输出"队满，入队失败！"
            else:                                  #队列未满
                self.rear+=1                       #队尾位置加 1
                self.data[self.rear]=e             #元素 e 入队
        def pop(self):                             #出队方法
            if self.empty():                       #判断队列是否为空
                print("队空，出队失败！")            #队列空，则输出"队空，出队失败！"
            else:                                  #队列非空，则执行下面语句
                self.front+=1                      #队头位置加 1
                n=self.data[self.front]            #将队头元素赋给 n
                self.data[self.front]=None         #队头元素出队
                return n                           #返回队头元素
    def main():                                    #定义 main 函数
        nk=SqQueue()                               #创建队列对象 nk
        n=eval(input("请输入 1 个十进制纯小数："))   #将输入的字符型数据转换成小数
        num=n                                      #将 n 的值赋给变量 num
        n=abs(n)                                   #将 n 的绝对值赋给 n
        if n>=1 :                                  #判断 n 的值是否大于或等于 1
            print("输入的数应为纯小数")              #若 n>=1，输出"输入的数应为纯小数"
        else:                                      #若 n<1，执行下面语句
            s=""                                   #将空串赋给 s
            while n!=0 :                           #当 n!=0 时执行下面循环体语句
                k=int(n * 2)                       #将 n 乘以 2 的整数赋部分给 k
                nk.push(k)                         #将 k 入栈
                n=n*2-k                            #将 n 乘以 2 的小数部分赋给 n
            while not nk.empty():                  #当队列非空时执行循环体语句
                s+=str(nk.pop())                   #队头元素出栈，并与字符串 s 首尾相连构成新串
            if n>0:                                #判断 n 的值是否大于或等于 0
                print("十进制小数",n,"转换为二进制小数是","0."+s)        #输出正十进制小数转换结果
            else:                                  #
                print("十进制小数",n,"转换为二进制小数是","-0."+s)       #输出负十进制小数转换结果
    if __name__=='__main__': main()
```

（2）单击 File→Save As 选项，在"另存为"对话框中选择保存路径并输入文件名 sy7-4，单击"确定"按钮。

（3）单击 Run→Run Module 选项运行程序，运行结果如下所示。

```
        >>>
```

　　请输入 1 个十进制纯小数：0.625
　　十进制小数 0.625 转换为二进制小数是 0.101
　　>>>

再次运行结果如下所示。

　　>>>
　　请输入 1 个十进制纯小数：-0.625
　　十进制小数 -0.625 转换为二进制小数是 -0.101
　　>>>

六、思考题

（1）用列表模拟顺序队列，入队操作和出队操作可以穿插进行，若入队顺序依次为 1、2、3、4 和 5，则出队序列有几种？

（2）整数入队仅考虑了 n 值为 0 停止入队操作，怎样修改程序使其能按规定的小数位数结束入队操作？

6.5　设计数据冒泡排序的算法及程序

一、实验目的

通过设计数据冒泡排序的算法及程序，了解冒泡排序的基本思想、应用范围和设计方法，掌握算法的意义以及与程序的关系。

二、实验要求

定义函数 bubbleSort(a, n)，其功能是用冒泡排序法将列表 a 中的 n 个数据元素按升序排序，输出每遍排序结果。在 main 函数中，创建列表 a，调用函数 bubbleSort(a, n)将 a 中的 n 个数进行升序排序。

三、预备知识

将列表 *a* 中的 *n* 个元素用冒泡法进行升序排序，算法如图 6-5-1 所示。

四、注意事项

对 *n* 个数进行排序，最多需要进行 *n*-1 趟冒泡排序，第 *i* 趟排序需要进行 *n*-*i* 次比较。

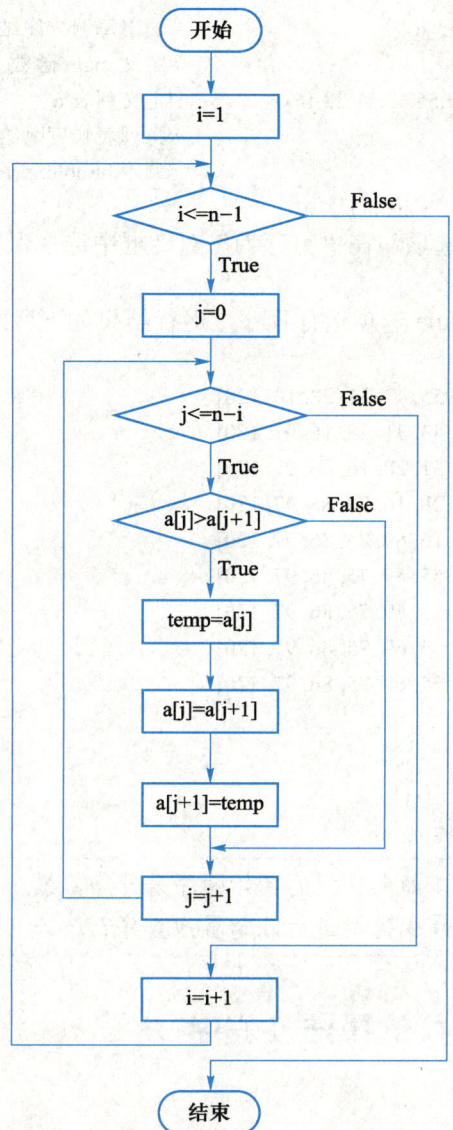

图 6-5-1　数据冒泡排序的算法

五、实验步骤

（1）启动 Python，单击 File→New File 选项，在编辑框中输入如下代码。

```
def bubbleSort(a,n):                          #定义 bubbleSort 函数
    for i in range(1,n):                      #外层循环进行 n-1 遍冒泡排序
        for j in range(n-i):                  #内层循环依次对相邻两元素进行比较
            if a[j] > a[j + 1]:               #判断 a[j]是否大于 a[j+1]
                a[j], a[j + 1] = a[j + 1], a[j]   #交换 a[j]和 a[j+1]的值
```

```
                print("第",i,"遍:",a)                #输出每遍排序结果
        def main():                                  #定义 main 函数
            a = [120,97,86,75,69,55,43,31,28,16]      #定义列表 a
            n = len(a)                                #将列表长度赋给 n
            bubbleSort(a,n)                           #调用 bubbleSort 将 a 中 n 个元素排序
        if __name__ == '__main__': main()
```

（2）单击 File→Save As 选项，在"另存为"对话框中选择保存路径并输入文件名 sy7-5，单击"确定"按钮。

（3）单击 Run→Run Module 选项运行程序，运行结果如下所示。

```
>>>
第 1 遍: [97, 86, 75, 69, 55, 43, 31, 28, 16, 120]
第 2 遍: [86, 75, 69, 55, 43, 31, 28, 16, 97, 120]
第 3 遍: [75, 69, 55, 43, 31, 28, 16, 86, 97, 120]
第 4 遍: [69, 55, 43, 31, 28, 16, 75, 86, 97, 120]
第 5 遍: [55, 43, 31, 28, 16, 69, 75, 86, 97, 120]
第 6 遍: [43, 31, 28, 16, 55, 69, 75, 86, 97, 120]
第 7 遍: [31, 28, 16, 43, 55, 69, 75, 86, 97, 120]
第 8 遍: [28, 16, 31, 43, 55, 69, 75, 86, 97, 120]
第 9 遍: [16, 28, 31, 43, 55, 69, 75, 86, 97, 120]
>>>
```

六、思考题

对 n 个数进行升序排序，如果它们的初始顺序是升序，最少需要进行几趟冒泡排序？如果它们的初始顺序是降序，最少需要进行几趟冒泡排序？

6.6　设计数据对半查找的算法及程序

一、实验目的

通过设计数据对半查找的算法及程序，了解对半查找算法的基本思想、应用范围和设计方法，掌握算法的意义及其与程序的关系。

二、实验要求

定义函数 binarySearch，其功能是实现对半查找法。在 main 函数中，创建列表 a，输入要查找的关键值 x，调用函数 binarySearch(a,x)，在 a 中查找是否存在与关键值 x 相等的元素，并输出查找结果。

三、预备知识

对 10 个升序排列的数进行对半查找的算法如图 6-6-1 所示。其中，L 为左边界，R 为右边界，M 为其中间的位置，10 个数存到列表 a 中，要查找的数为 x。

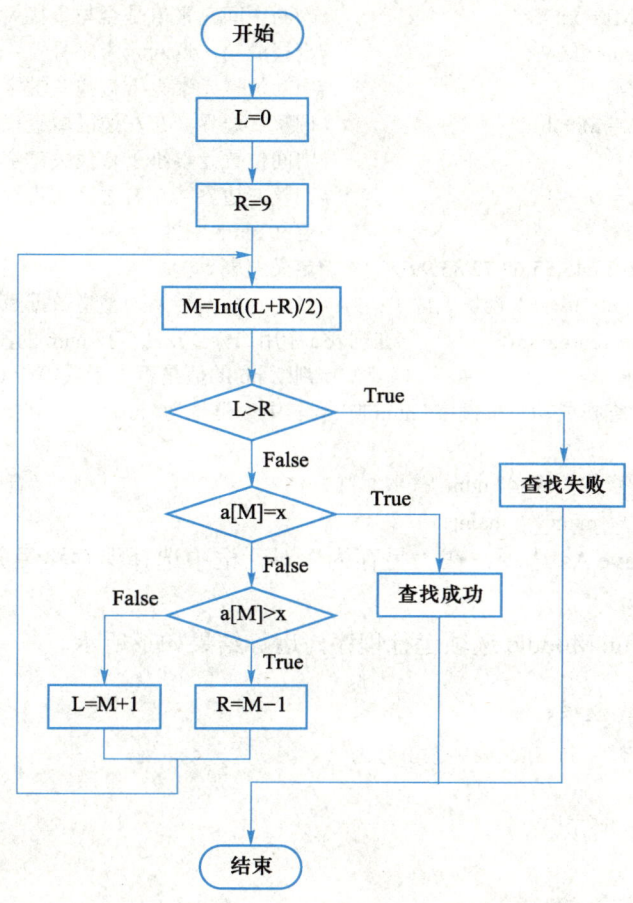

图 6-6-1 数据对半查找的算法

四、注意事项

对半查找法只适用于有序的顺序表。

五、实验步骤

（1）启动 Python，单击 File→New File 选项，在编辑框中输入如下代码。

```python
def binarySearch(a,x):            #对半查找法
```

```
        L = 0                                        #设置左边界
        R = len(a) − 1                               #设置右边界
        while True:                                  #条件为真，执行下面循环语句
            M = (L + R) // 2                         #计算中间元素序号
            if L > R:                                #判断左边界是否大于右边界
                return −1                            #查找不成功（不存在关键字），返回−1
            elif a[M] = x:                           #判断中间元素值是否与查找关键值相等
                return M                             #查找成功，返回元素序号
            elif a[M] > x :                          #中间位置元素大于查找关键字
                R = M − 1                            #调整右边界（在左边区域查找）
            else:                                    #中间位置元素小于查找关键字
                L = M + 1                            #调整左边界（在右边区域查找）
    def main():                                      #定义 main 函数
        a = [1,13,26,33,45,55,68,72,83,99]           #定义列表 a
        num=int(input("请输入查找关键字："))         #将输入数据转换为整型数据赋给 num
        no=binarysearch(a,num)             #在列表 a 中用二分查找法查找 num 的值，并将函数返回值赋给 no
        if no >= 0:                                   #判断 no 的值是否大于或等于 0
            print("查找成功！关键字",num,"在列表中索引号为",no)          #查找成功
        else:
            print("查找关键字",num,"失败！")                             #查找失败
    if __name__ == '__main__': main()
```

（2）单击 File→Save As 选项，在"另存为"对话框中选择保存路径并输入文件名 sy7-1，单击"确定"按钮。

（3）单击 Run→Run Module 选项运行程序，运行结果如下所示。

```
>>>
请输入查找关键字：55
查找成功！关键字 55 在列表中索引号为 5
>>>
```

再次运行结果如下所示。

```
>>>
请输入查找关键字：20
查找关键字 20 失败！
>>>
```

六、思考题

（1）对 k 个数进行对半查找，如果查找失败，查找次数是多少？

（2）对半查找算法的前提是数据有序，将数据排序和查找结合到一个程序中效率会更高。如何修改 6.5 节和 6.6 节中的程序，使之结合成一个程序？

## 第7章

数据库技术应用案例设计

本单元以"历史事件"数据库和"商品进销存"数据库为案例，对学生的数据库技术应用技能进行系统训练，以使学生尽快掌握数据库技术及其应用技巧，提高计算机技术的综合应用能力。同时，通过数据库技术分析代表性事件，警示学生勿忘国耻，奋发图强，培养"爱国主义、集体主义、社会主义"情怀；通过近 20 年国民经济发展趋势的对比分析，使学生更加珍惜我国人民当今来之不易的生活。

7.1 设计数据库

一、实验目的

通过 Access 数据库管理系统，学习设计数据库的基本过程，掌握数据库中的表、主键、数据验证规则以及表间关系的设计方法和作用。

二、实验要求

（1）在 D:\U<教学号>文件夹（如 D:\U99140101）中，创建两个数据库，文件名分别为"历史事件.accdb"和"商品进销存.accdb"。
（2）按表 7-1-1 和表 7-1-2 的要求，设计"历史事件.accdb"中的表。
（3）按表 7-1-3～表 7-1-7 的要求，设计"商品进销存.accdb"中的表。
（4）设计"商品进销存.accdb"中表之间的关系及其参照完整性。

三、预备知识

1．Access 2019 数据库管理系统
Access 2019 数据库管理系统是 Office 2019 的重要组件，在安装 Office 2019 时，可以选择安装 Access 2019 数据库管理系统。
启动 Access 2019 的操作方法是：选择"开始"→Access 选项，进入 Access 数据库管理系统。新建或打开数据库后，方可进行工作，系统主界面如图 7-1-1 所示。

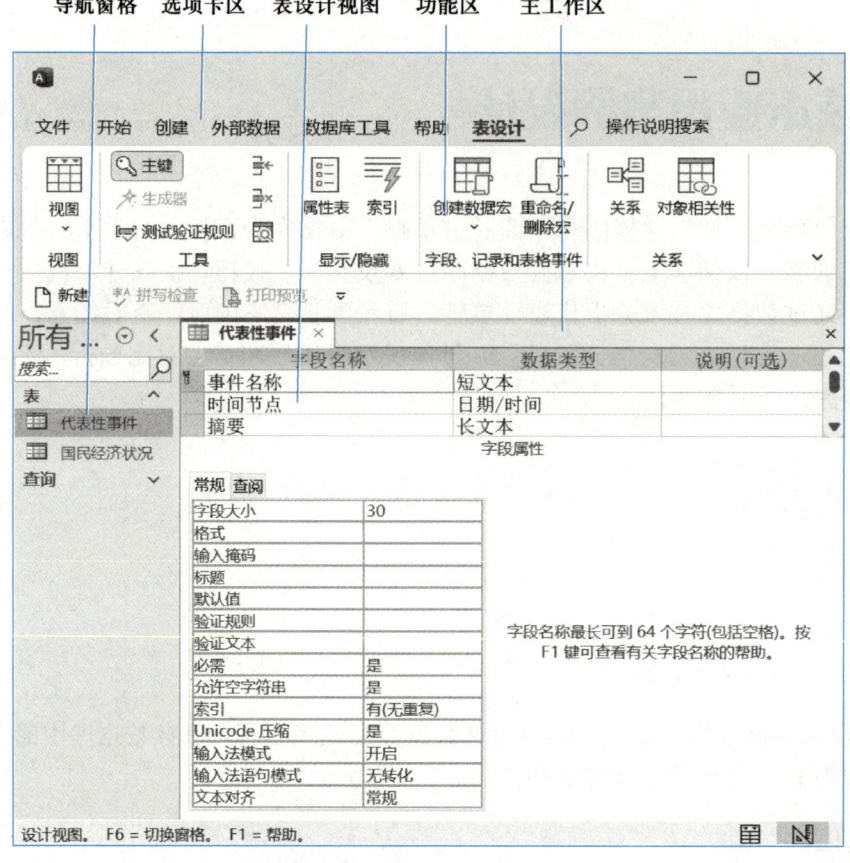

图 7-1-1　Access 主界面

（1）选项卡区：Access 2019 的主界面由多个选项卡组成，系统通过选项卡对功能（工具）进行分类。选择某个选项卡使其成为当前选项卡，然后可以使用其中的工具。

（2）功能区：也称工具箱，每个选项卡中有不同的功能（工具），可以单击功能区中的按钮进行相关的操作。

（3）导航窗格：用于分类（表、查询和窗体等）显示数据库中的对象。右击某个对象，在弹出的快捷菜单中选择"打开""设计视图"或"删除"等选项，可以对对象完成相关的操作。

（4）主工作区：打开各种对象的设计视图（窗口）和数据输入输出窗口的区域。当同时设计或打开多个对象时，每个对象可以在各自的窗口中打开，各个窗口以重叠的形式显示，也可以采用所有对象共享同一个窗口的形式，而每个对象只占窗口中的一个选项卡。在打开了数据库的情况下，设置窗口显示形式的操作方法是：选择"文件"→"选项"→"当前数据库"选项，选中"重叠窗口"或"选项卡式文档"单选按钮，单击"确定"按钮。重新打开数据库后，新的窗口显示形式即刻生效。

2．主关键字

主关键字简称主键，是一组能唯一标识表中数据记录的最少字段。每个表都应该有一个主键，主键中的每个字段都是主属性。在多数表中，主键由一个主属性构成。例如，"年份"是"国民经济状况"表的主键，"雇员号"是"雇员"表的主键，"商品号"是"商品"表的主键等。

在 Access 2019 数据库管理系统的表设计视图中，每个主属性（字段）名前有钥匙标识，如图 7-1-1 和图 7-1-2 所示。

3．验证规则

验证规则是数据或字段的验证规则的简称，也称有效性规则，是一个逻辑值表达式。在向表中输入数据记录时，用于限制字段的取值范围，即实现用户定义完整性的约束条件。若验证规则的值为 True（即-1，真，也称符合规则），则通过系统检查；若验证规则的值为False（即 0，假），则不能通过检查，系统会要求用户重新修改字段的数据，直到通过系统检查为止。

一般来讲，验证规则的构成与当前设计的字段有关。例如，设计"商品"表时，定义"库存量"字段的验证规则为"[库存量]>=0 And [库存量]<=10000"；"进价"字段的验证规则为"[进价]>=0"，"国民经济状况"表中"年份"字段的验证规则为"[年份] Between 1980 And Year(Date())"，其中方括号中的内容都是当前字段名。

4．表间关系

表间关系用于实现各类实体之间的联系，一般通过一个表的主键与另一个表中具有相同含义的字段（也称外键）建立关系，前一个表称为主表，后一个表称为从表或子表。

在表间关系设计窗口（如图 7-1-2 所示）中，关系用连线表示，线的一端标识"1"，表示主表；另一端标识"∞"，表示从表，同时也表示主表中的一个数据记录可能与子表中的多个数据记录对应。

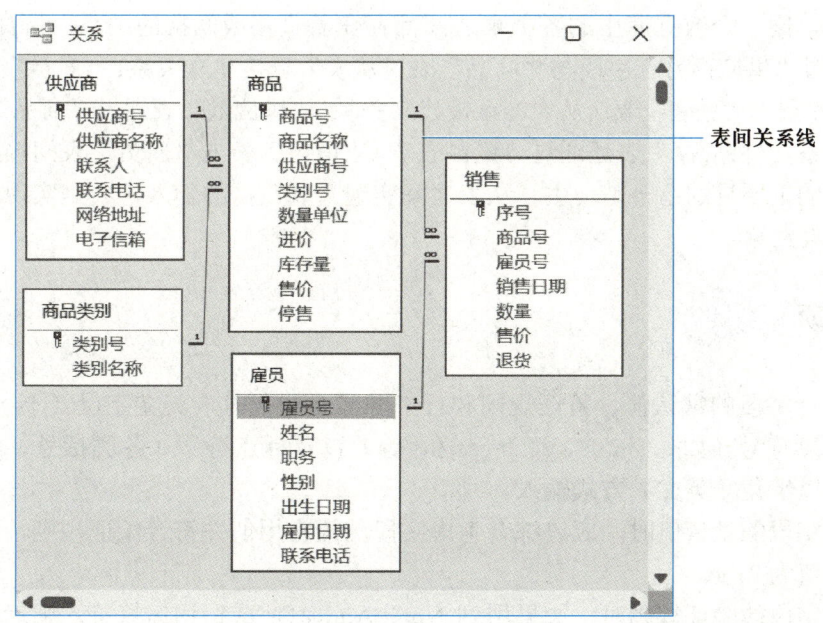

图 7-1-2 表间关系设计窗口

125

5．打开数据库

可以通过下列途径之一打开数据库文件。

（1）在 Windows 资源管理器中双击数据库文件名，如"历史事件.accdb"或"商品进销存.accdb"。

（2）在 Access 2019 数据库管理系统中，选择"文件"选项卡中的数据库文件名（限于最近打开的数据库，如"历史事件.accdb"和"商品进销存.accdb"等）。

（3）在"Access"导航窗口（如图 7-1-3 所示）中，选择"打开"→"浏览"选项，或双击"此电脑"按钮，进入"打开"对话框，查找并选择数据库文件名。

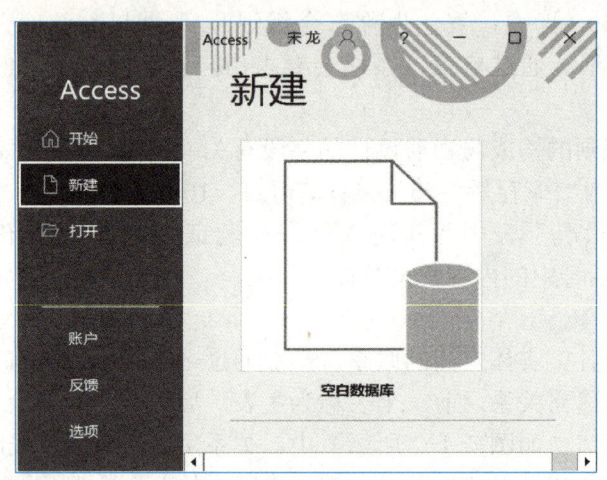

图 7-1-3　Access 导航窗口

一般来讲，同一个数据库中的各个表之间都存在着直接或间接的关系。例如，"供应商"表（主表）通过"供应商号"字段与"商品"表（从表）直接建立关系；"雇员"表（主表）通过"雇员号"字段与"销售"表（从表）直接建立关系；"供应商"表通过"商品"表与"销售"表间接建立关系，"供应商"表还通过"商品"表、"销售"表与"雇员"表间接建立关系。建立表之间关系的主要目的：一是使主、从表之间实现关联数据的输入，二是实现表（实体型）之间数据的相互约束。

四、注意事项

（1）在设计字段的默认值、验证规则和行来源等表达式时，英文字母（不区分大小写）、数码、各类运算符号（如+、-、*、/、>、=和<等）以及标点符号（各类括号、引号、逗号和分号等）一律以半角（英文）方式输入。

（2）设计字段的默认值时，应该综合考虑字段的最常用值并符合验证规则，即默认值应该使验证规则的值为 True。

（3）设计字段的验证规则时，如果用到 Not、And、Or 或谓词运算符，则运算符与其他项之间至少要有一个空格。

五、实验步骤

1. 创建历史事件数据库

（1）选择"开始"→Access 选项，启动 Access 数据库管理系统，进入 Access 导航窗口，如图 7-1-3 所示。

（2）在图 7-1-3 中，单击"新建"→"空白数据库"按钮，在"空白数据库"对话框（如图 7-1-4 所示）中，选择存储数据库的文件夹，如 D:\U99140101，输入数据库文件名"历史事件.accdb"，单击"创建"按钮，并使之成为当前数据库。

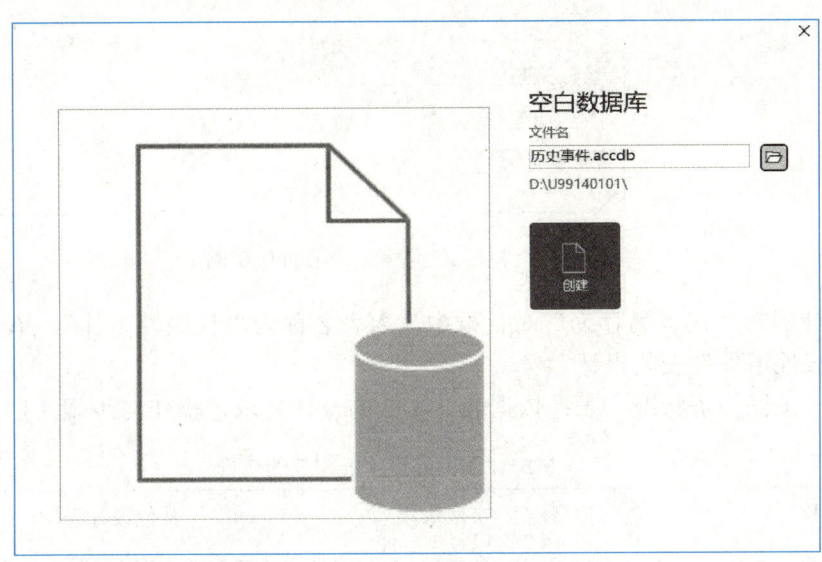

图 7-1-4 "空白数据库"对话框

2. 设计历史事件数据库中的表

（1）设计"代表性事件"表：单击"创建"→"表设计"按钮，按表 7-1-1 的要求在设计视图（如图 7-1-5 所示）中，输入表中各个字段名称并选择对应的数据类型及字段大小。

表 7-1-1 "代表性事件"表的结构

字段名称	数据类型	字段大小	其他设计说明
事件名称	短文本	30	事件名称为主属性，也是主键，输入数据时，最多 30 个汉字或字符
时间节点	日期/时间		范围为 100 年 1 月 1 日 ～ 9999 年 12 月 31 日
摘要	长文本		最大可达 1 GB 数据

每个表都应该有主键。设计主键的操作方法是：选中主属性，如"事件名称"（当主键由多个字段构成时，可以在行选列上拖动鼠标、按住 Ctrl 或 Shift 键并单击对应行），单击"表设计"→"主键"按钮，或者从右键快捷菜单中选择"主键"选项。

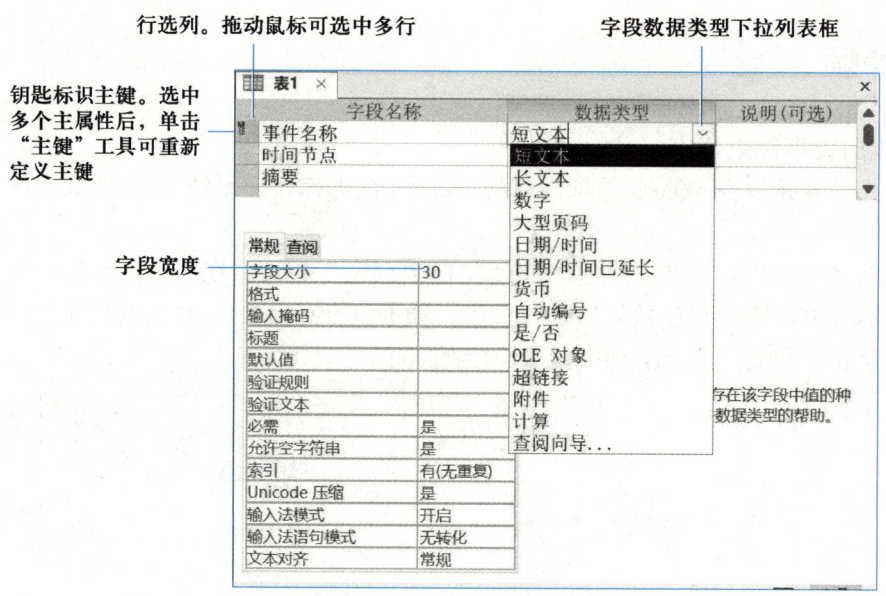

图 7-1-5 "代表性事件"表的设计视图

关闭表设计器时，在"另存为"对话框中输入表名称为"代表性事件"，单击"确定"按钮，实现"代表性事件"表的设计。

（2）设计"国民经济状况"表：依据表 7-1-2 的设计要求，操作与步骤（1）相同。

表 7-1-2 "国民经济状况"表的结构

字段名称	数据类型	字段大小	其他设计说明
事件名称	短文本	30	事件名称中最多可输入 30 个汉字或字符
年份	数字→整型		主属性，也是主键，范围为-32768～32767
GDP（亿元）	数字→单精度型		人民币，范围为-3.4×10^{38}～3.4×10^{38}
排名	数字→字节		GDP 世界排名，无符号整数，范围为 0～255
人均 GDP（元）	数字→长整型		人民币（元），范围为-2147483648～2147483647
人均排名	数字→字节		人均 GDP 世界排名，无符号整数,范围为 0～255
居民人均可支配收入（元）	数字→长整型		人民币（元），范围为-2147483648～2147483647

3. 创建商品进销存数据库及表

（1）设计"商品进销存"数据库：单击"文件"→"新建"→"空数据库"按钮，选择存储数据库的文件夹，如 D:\U99140101，输入数据库文件名"商品进销存.accdb"，单击"创建"按钮。

（2）设计"供应商"和"商品类别"表：单击"创建"→"设计表"按钮，在设计视图中，依据表 7-1-3 和表 7-1-4 的要求，分别设计"供应商"和"商品类别"表。

表 7-1-3 "供应商"表的结构

字段名称	数据类型	字段大小	其他设计说明
<u>供应商号</u>	短文本	4	主属性，同时也是"供应商"表的主键
供应商名称	短文本	30	供应商名称中最多可含 30 个汉字或字符
联系人	短文本	12	
联系电话	短文本	24	
网络地址	短文本	30	
电子信箱	短文本	30	

表 7-1-4 "商品类别"表的结构

字段名称	数据类型	字段大小	其他设计说明
<u>类别号</u>	短文本	3	主属性，同时也是"商品类别"表的主键
类别名称	短文本	20	商品类别名称中最多可含 20 个汉字或字符

（3）设计"雇员"表：依据表 7-1-5 的要求进行设计。

表 7-1-5 "雇员"表的结构

字段名称	数据类型	字段大小	其他设计说明
<u>雇员号</u>	短文本	3	主属性，同时也是"雇员"表的主键
姓名	短文本	16	姓名中最多可有 16 个汉字或字符
职务	短文本	1	"默认值"为 0。在"查阅"选项卡中，"显示控件"设为"组合框"，"行来源类型"设为"值列表"，"行来源"设为"0;雇员;1;经理;2;副总经理;3;总经理"，"绑定列"设为 1，"列数"设为 2，"列宽"设为 0 cm
性别	短文本	1	"默认值"设为 1。在"查阅"选项卡中，"显示控件"设为"组合框"。"行来源类型"设为"值列表"。"行来源"设为"1；男；2；女"，"绑定列"设为 1，"列数"设为 2，"列宽"设为 0 cm
出生日期	日期/时间		"输入掩码"设为：9999-99-99
雇用日期	日期/时间		"默认值"设为 Date()，"输入掩码"设为 9999-99-99
联系电话	短文本	20	

在设计视图中设计"雇员"表的过程，对"出生日期"和"雇用日期"字段要设计其输入掩码，以便获得较理想的日期型数据格式。对于"职务"和"性别"字段，除设计默认值外，还要按图 7-1-6 设计"查阅"选项卡中的"显示控件""行来源类型"和"行来源"等内容，以便输入雇员数据时能从组合框或列表框中选择"性别"和"职务"的值。行来源与行来源类型要一致，例如，"行来源类型"选择"值列表"时，"行来源"中的信息项之间要用半角分号"；"分隔；"行来源类型"选择"表/查询"时，"行来源"应该是表名或者 SQL（structured query language，结构化查询语言）Select 语句。

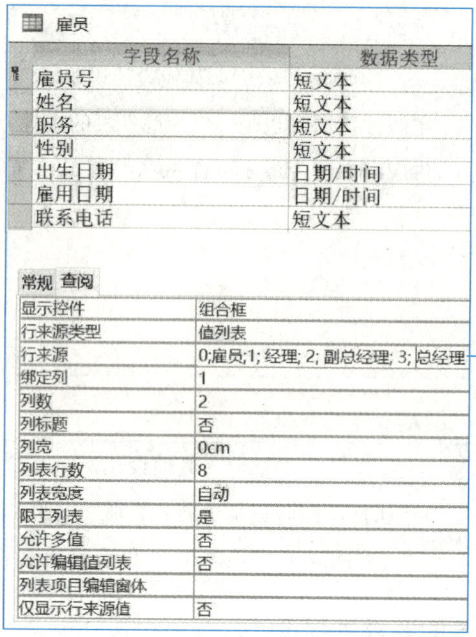

在数据表视图中，"职务"列有下拉列表框，可选择"雇员""经理"等值；"职务"字段存编码(如0、1等)，但显示对应名称

图 7-1-6　表设计视图"查阅"选项卡

（4）设计"商品"和"销售"表：依据表 7-1-6 和表 7-1-7 的要求，设计"商品"和"销售"表。

表 7-1-6　"商品"表的结构

字段名称	数据类型	字段大小	其他设计说明
<u>商品号</u>	短文本	4	主属性，同时也是"商品"表的主键
商品名称	短文本	40	商品名称中最多可输入 40 个汉字或字符
供应商号	短文本	4	在"查阅"选项卡中，"显示控件"设为"组合框"，"行来源类型"设为"表/查询"，"行来源"设为"Select 供应商号，供应商名称 From 供应商"，"绑定列"设为 1，"列数"设为 2，"列宽"设为 0 cm
类别号	短文本	3	在"查阅"选项卡中，"显示控件"设为"组合框"，"行来源类型"设为"表/查询"，"行来源"设为"商品类别"表，"绑定列"设为 1，"列数"设为 2，"列宽"设为 0 cm
数量单位	短文本	5	输入数据时，最多 5 个汉字或字符
进价	数字→单精度型		"默认值"设为 0，"验证规则"设为"[进价]>=0"，"验证文本"设为"进价应该大于或等于 0"
库存量	数字→长整型		"默认值"设为 1，"验证规则"设为"[库存量]>=0 And [库存量]<=10000"，"验证文本"设为"库存量应大于或等于 0 并且小于或等于 1 万"
售价	数字→单精度型		"默认值"设为 0，"验证规则"设为"[售价]>=0"，"验证文本"设为"售价应大于或等于 0"
停售	是/否		"是/否"型也称逻辑型或布尔型。销售时为 0（False），停销时为-1（True），"默认值"设为 0。在"查阅"选项卡中，"显示控件"设为"组合框"，"行来源类型"设为"值列表"，"行来源"设为"-1;是;0;否"，"绑定列"设为 1，"列数"设为 2，"列宽"设为 0 cm

表 7-1-7 "销售"表的结构

字段名称	数据类型	字段大小	其他设计说明
序号	自动编号	长整型	系统自动生成的销售单号，"销售"表的主键
商品号	文本	4	在"查阅"选项卡中，"显示控件"设为"组合框"，"行来源类型"设为"表/查询"，"行来源"设为"Select 商品号,商品名称 From 商品"，"绑定列"设为 1，"列数"设为 2，"列宽"设为 0 cm
雇员号	文本	3	在"查阅"选项卡中，"显示控件"设为"组合框"，"行来源类型"设为"表/查询"，"行来源"设为"Select 雇员号,姓名 From 雇员"，"绑定列"设为 1，"列数"设为 2，"列宽"设为 0 cm
销售日期	日期/时间		"默认值"设为：Date( )；"输入掩码"设为：9999-99-99
数量	数字→长整型		"默认值"设为 1，"验证规则"设为"[数量]>0"，"验证文本"设为"数量应大于 0"
售价	数字→单精度型		"默认值"设为 0，"验证规则"设为"[售价]>=0"，"验证文本"设为"售价应大于或等于 0"
退货	是/否		售出设为 0（False），退货设为-1（True），"默认值"设为 0

参照图 7-1-7 和图 7-1-8，设计"商品"表和"销售"表的"验证规则"和"查阅"选项卡中的相关内容。

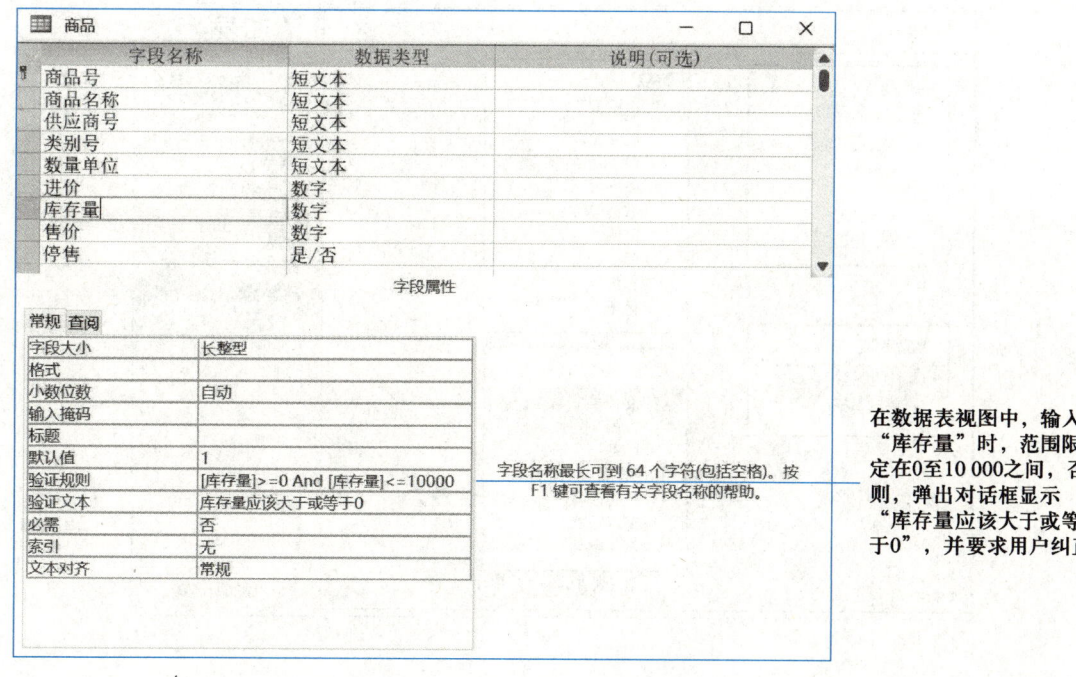

图 7-1-7 库存量的"常规"选项卡

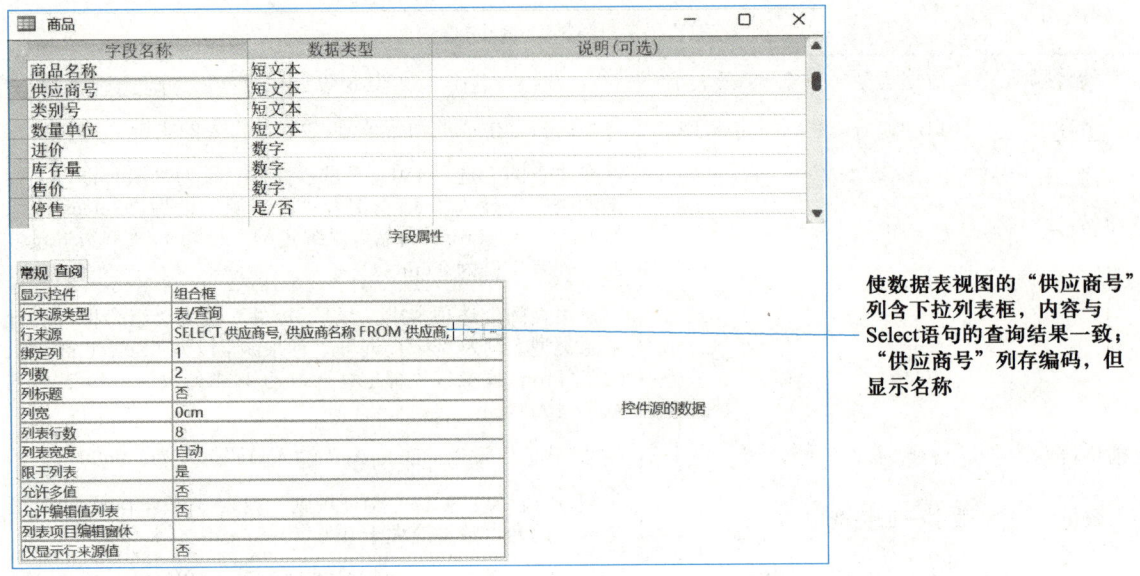

使数据表视图的"供应商号"列含下拉列表框,内容与 Select 语句的查询结果一致;"供应商号"列存编码,但显示名称

图 7-1-8　供应商号的"查阅"选项卡

4.设计表间关系及其参照完整性

(1)单击"数据库工具"→"关系"按钮,在"关系"窗口(如图 7-1-9 所示)中,从"添加表"窗格中向"关系"窗格分别拖曳"供应商""商品""商品类别""雇员"和"销售"5个表。

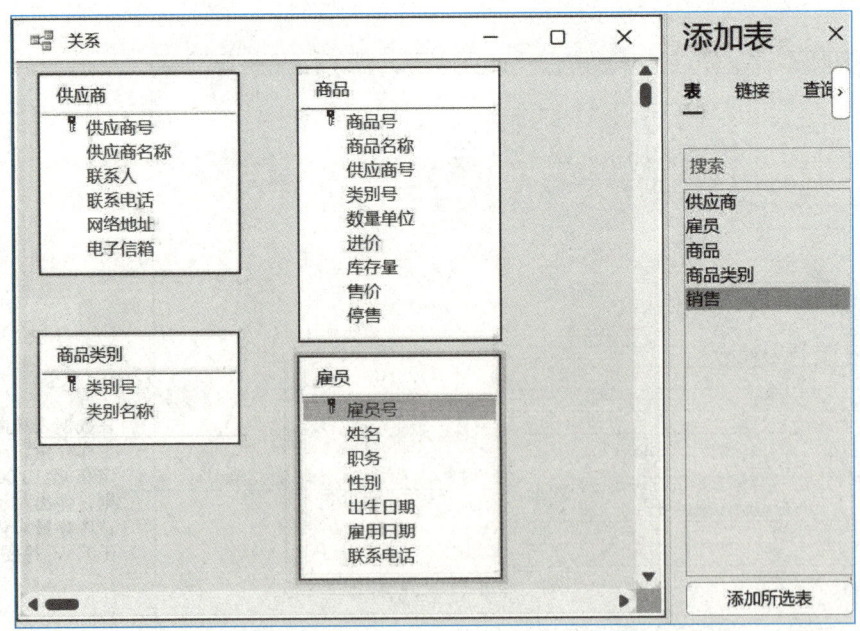

图 7-1-9　"关系"窗口

(2)在"关系"窗口中,将一个表(如"供应商")中用于创建关系的字段(如"供应商

号")拖向相关表（如"商品"）中与之关联的字段（如"供应商号"），释放鼠标后，将弹出"编辑关系"对话框，如图7-1-10所示。

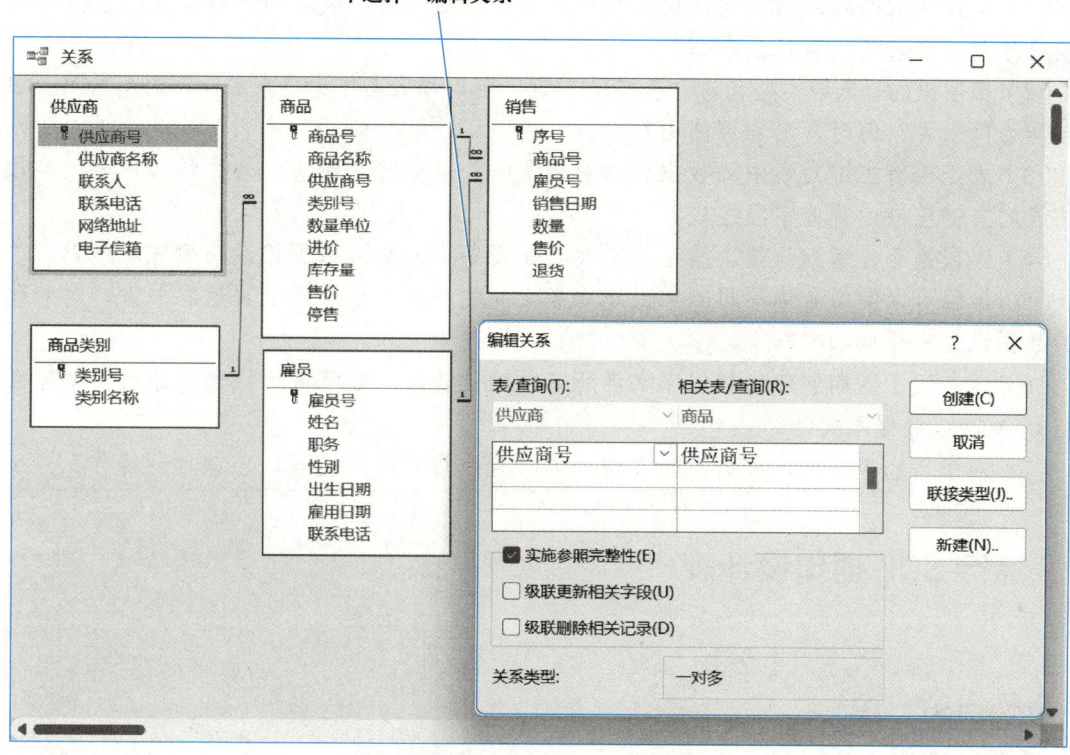

图 7-1-10 "编辑关系"对话框

（3）在"编辑关系"对话框中，可以重新选择关联的字段，或选定相关项，最后单击"创建"按钮，表之间便产生一条连线，连线的"1"端为主表，"∞"端为子表，表示主表中一个数据记录可能关联子表中的多个数据记录。

"编辑关系"对话框中3个选项的含义如下。

① 实施参照完整性：在子表（如"商品"表）中禁止输入与主表（如"供应商"表）无关联的记录。若没有选中"级联删除相关记录"复选框，则禁止删除主表中与子表有关联的记录。即要删除主表中的某个记录，一定要先删除子表中与之关联的所有记录。

② 级联更新相关字段：在主表（如"供应商"表）中修改关联字段（如"供应商号"）的值时，系统自动修改子表（如"商品"表）中相关字段的值。

③ 级联删除相关记录：删除主表中某个记录时，系统自动删除子表中与之关联的所有记录。

最终设计的关系布局如图7-1-2所示。单击表间关系设计窗口的"关闭"按钮，并保存关系布局。

六、思考题

（1）设计字段的默认值、验证规则和行来源等表达式时，应该如何避免输入全角符号？全角符号对这些表达式有什么影响？

（2）在字段的行来源类型选择"表/查询"时，何时用表名作为行来源？何时用 SQL Select 语句作为行来源？何时二者均可使用？

（3）表是否有主键对表中的数据记录有何影响？若删除"销售"表中的"序号"字段，则该表的主键应该由哪些字段组成？

（4）字段是否设置默认值、验证规则和行来源等，对输入数据记录有哪些影响？

（5）是否可以使用名称不同的字段建立表之间的关系？两个表是否建立关系，对处理表中的数据记录有哪些影响？

（6）当忘记了近期创建的数据库文件所存放的位置时，如何将其找到？通过哪些途径可以打开 Access 数据库文件？

（7）对于已经存在的表和关系，要进一步检查或设计有关内容，应该如何操作？

7.2　运行 SQL 语句设计表

一、实验目的

学习 SQL 语句设计数据库表的方法，了解 SQL 语句与表设计视图的异同，掌握 SQL 语句的执行过程和作用。

二、实验要求

（1）创建"商品进销存"数据库，文件名为 SPJXC.accdb，保存到 D:\U<教学号>文件夹中，如 D:\U99140101。

（2）按表 7-1-3～表 7-1-7 中的设计要求，执行 SQL 语句建立 SPJXC.accdb 中的表及其关系。

三、预备知识

1. 创建表的常用 SQL 语句

Create Table <表名>
　　（<字段名 1> <数据类型描述> [[Not] Null] …
　　　[，<字段名 *n*> <数据类型描述> [[Not] Null]

[，Primary Key（<字段名表>）]

[,Foreign Key (<外码字段名 1>) References <关联表名 1> (<关联字段名 1>)]

…

[,Foreign Key (<外码字段名 *m*>) References <关联表名 *m*> (<关联字段名 *m*>)]

)

（1）数据类型描述：用于描述字段存储的数据类型和最大宽度。SQL 语句中的数据类型描述一律用英文书写，常用数据类型（英文）与表设计视图中的数据类型（中文）对应关系如表 7-2-1 所示。

表 7-2-1　常用数据类型对照表

表设计视图中的数据类型名（中文）	SQL 语句的数据类型名（英文）及描述	注　释
自动编号	AutoIncrement	表中增加数据记录时，该类型字段的值自动增 1。通常将这类字段设置为表的主键
短文本型	Char(n)或 Text(n)	n 是存储数据的最大宽度，即字段大小，$1 \leqslant n \leqslant 255$
单精度型	Single 或 Real	占 4 个字节，范围是 $-3.4 \times 10^{38} \sim 3.4 \times 10^{38}$，一般实数，小数点后 7 位有效数字
双精度型	Number 或 Double	占 8 个字节，范围是 $-1.79734 \times 10^{308} \sim 1.79734 \times 10^{308}$，较大实数，小数点后 15 位有效数字
字节	Byte	占 1 个字节，是 0～255 的整数，即无符号整数
整型	SmallInt 或 Short	占 2 个字节，是 -32768 到 32767 的整数
长整型	Integer 或 Long	占 4 个字节，是 -2147483648 到 2147483647 的整数
日期/时间型	Date 或 DateTime	占 8 个字节，从 100 到 9999 年的日期和时间
是/否	Logical	也称逻辑型，占 1 个字节
长文本	LongText 或 Memo	长度超过 255 的文本串数据，最大 1 GB

（2）Primary Key（<字段名表>）：用于定义表的主键。其中，字段名表由主键中的字段（主属性）构成，当主键由多个字段组成时，字段之间用半角逗号"，"分隔。

（3）Foreign Key (<字段名 *i*>) References <关联表名 *i*> (<关联字段名 *i*>)：通过当前表中的字段名与关联表中的关联字段名建立关系，同时实施参照完整性。

2. 数据库的禁用模式

当新建或打开数据库时，Access 默认处于禁用模式，即禁止运行可能对数据库造成安全隐患的代码或相关组件。在禁用模式下，执行创建、修改表及数据操纵的 SQL 语句时，系统以如下两种形式进行安全警告。

（1）在功能区与导航窗格之间显示安全警告消息栏，如图 7-2-1 所示。

图 7-2-1　禁用模式安全警告栏

（2）在系统状态栏中提示"操作或事件已被禁用模式阻止"。

在执行 SQL 的数据定义语言（如 Create Table、Alter Table）和数据操纵语言（如 Update、Delete From、Insert Into）之前，必须解除禁用模式。

解除禁用模式的操作方法是：单击"禁用信息安全警告栏"中的"启用内容"按钮即可。

四、注意事项

（1）通过查询设计视图执行 SQL 语句时，一个查询对象中只能有一条 SQL 语句。

（2）在 SQL 语句中，短语（如 Create 与 Table、Primary 与 Key 等）或子项（如 References 与供应商、商品号与 Text 等）之间至少有一个空格；系统保留字（如 Create、Table、Char、Date、Primary Key 等）、数字、各类运算符和标点符号一律用半角（英文）方式输入。

（3）使用 Foreign Key (<外码字段名>) References <关联表名> (<关联字段名>)短语建立表间关系时，必须先创建关联表（子表），并且关联表中包含关联字段名。

五、实验步骤

1．创建数据库 SPJXC

（1）单击"文件"→"新建"→"空数据库"按钮，建立数据库。

（2）在"空白数据库"对话框中，选择存储数据库的学生文件夹，如 D:\U99140101，输入数据库文件名 SPJXC.accdb，单击"创建"按钮。

2．执行 SQL 语句建立表及其关系

（1）单击"创建"→"查询设计"按钮，选择"SQL 视图"，如图 7-2-2 所示，输入创建"供应商"表的 SQL 语句：

```
Create Table 供应商( 供应商号 Text(4) , 供应商名称 Text(30) ,
            联系人 Text(12) , 联系电话 Text(24) , 网络地址 Text(30) ,
            电子信箱 Text(30) , Primary Key (供应商号));
```

单击"运行"按钮，执行SQL语句　　　　　　　　　　　SQL视图用于编辑语句

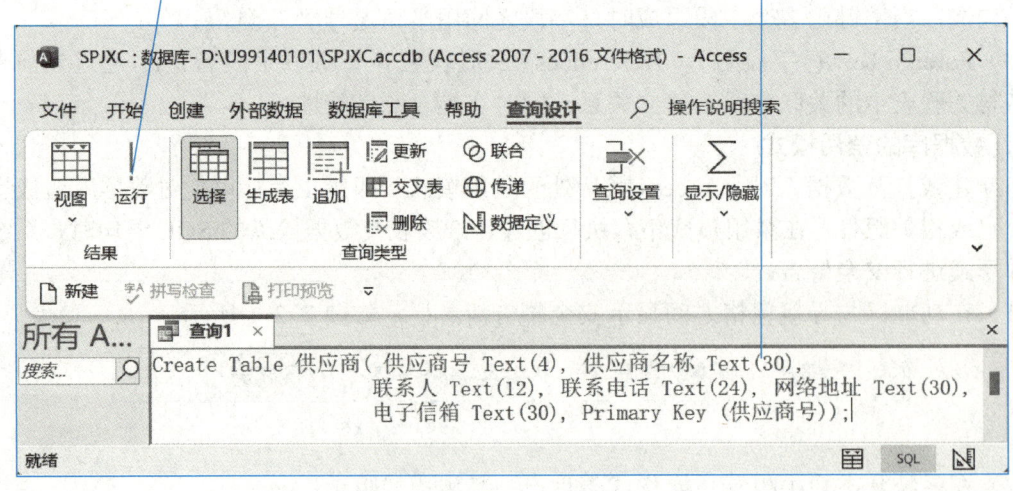

图 7-2-2　创建"供应商"表的 SQL 视图

（2）单击"查询设计"→"运行"按钮，便在 SPJXC.accdb 中创建了"供应商"表。

（3）单击"查询 1"窗口的"关闭"按钮，在弹出的"另存为"对话框中将"查询名称"改为"创建供应商表"。要重新运行或修改该查询对象时，可以在导航窗格中右击"创建供应商表"，在快捷菜单中选择"打开"或"设计视图"选项。

（4）仿照步骤（1）～（3），在 SQL 视图中分别输入创建数据库中其余 4 个表及其关系的 SQL 语句。

① 创建"商品类别"表。

    Create Table 商品类别（类别号 Char(3)，类别名称 Text(20),Primary Key (类别号));

② 创建"雇员"表。

    Create Table 雇员（雇员号 Char(3)，姓名 Char(16)，职务 Char(1)，
               性别 Char(1)，出生日期 Date，雇用日期 Date，
               联系电话 Char(20)，Primary Key (雇员号))；

③ 创建"商品"表。

    Create Table 商品（商品号 Text(4)，商品名称 Text(40)，供应商号 Text(4)，
               类别号 Text(3)，数量单位 Text(10)，进价 Single，
               库存量 Long，售价 Single，停售 Logical，
               Primary Key (商品号)，
               Foreign Key (供应商号) References 供应商 (供应商号)，
               Foreign Key (类别号) References 商品类别 (类别号))；

④ 创建"销售"表。

    Create Table 销售（序号 AutoIncrement, 商品号 Text(4)，雇员号 Text(3)，
               销售日期 Date,数量 Long，售价 Single，退货 Logical，
               Primary Key (序号)，
               Foreign Key (商品号) References 商品 (商品号)，
               Foreign Key (雇员号) References 雇员 (雇员号))；

创建"商品"表的同时建立了"商品"表与"供应商"表、"商品类别"表的关系；创建"销售"表的同时建立了"销售"表与"商品"表、"雇员"表的关系。

（5）单击"数据库工具"→"关系"按钮，可以查看或调整各个表之间的关系，如图 7-1-2 所示。

六、思考题

（1）通过 SQL 语句和表设计视图都能设计表，二者有哪些异同点？SPJXC 与"商品进销存"数据库比较，还有哪些不足之处？如何进一步完善 SPJXC 数据库中的相关内容？

（2）在实验过程中，系统出现过哪些出错警告？如何纠正这些错误？

（3）通过 SQL 语句创建表时，如果创建顺序变为"商品类别"表、"雇员"表、"商品"表、"供应商"表和"销售"表，能成功产生哪些表？不能产生哪些表？主要原因是什么？

7.3　维护数据库

一、实验目的

学习导入、输入和修改数据库中数据的方法，验证数据库设计的合理性和实用性，掌握数据关联输入的相关设置和技巧。

二、实验要求

（1）用数据表视图输入"历史事件.accdb"中表的数据。"代表性事件"表中的数据如表 7-3-1 所示，"国民经济状况"表中的数据如表 7-3-2 所示。

表 7-3-1　"代表性事件"表中的数据

事件名称	时间节点	摘要
二十大	2022-10-16	主题是高举中国特色社会主义伟大旗帜，全面贯彻新时代中国特色社会主义思想，弘扬伟大建党精神，自信自强、守正创新，踔厉奋发、勇毅前行，为全面建设社会主义现代化国家、全面推进中华民族伟大复兴而团结奋斗。 选举习近平为中共中央总书记，于 10 月 22 日闭幕。
十九大	2017-10-18	主题是不忘初心、牢记使命，高举中国特色社会主义伟大旗帜，决胜全面建成小康社会，夺取新时代中国特色社会主义伟大胜利，为实现中华民族伟大复兴的中国梦不懈奋斗。 选举习近平为中共中央总书记，10 月 24 日闭幕。
十八大	2012-11-08	主题是高举中国特色社会主义伟大旗帜，以邓小平理论、"三个代表"重要思想、科学发展观为指导，解放思想，改革开放，凝聚力量，攻坚克难，坚定不移沿着中国特色社会主义道路前进，为全面建成小康社会而奋斗。 选举习近平为中共中央总书记，11 月 14 日闭幕。
改革开放	1978-12-18	党的十一届三中全会冲破长期"左"的错误的严重束缚，肯定必须完整、准确地掌握毛泽东思想的科学体系，重新确立马克思主义的思想路线、政治路线、组织路线。 从此我国以邓小平为总设计师拉开了改革开放的大幕。实现新中国成立以来党的历史上具有深远意义的伟大转折，开启改革开放和社会主义现代化的伟大征程。
中华人民共和国成立	1949-10-01	1949 年 10 月 1 日，随着毛泽东主席在天安门城楼上庄严宣告"中华人民共和国中央人民政府今天成立了！"，中国开辟了历史新纪元，结束了国民党统治和一百多年来被侵略、被奴役的屈辱历史，真正成为独立自主的国家，中国人民从此站起来了，成为国家的主人。中华人民共和国成立，壮大了世界和平、民主和社会主义的力量，鼓舞了世界被压迫人民争取解放的斗争。
日本宣布投降	1945-08-15	1945 年 8 月 15 日日本宣布无条件投降，长达 14 年之久的抗日战争结束。每年 9 月 3 日为中国人民的抗日战争胜利纪念日。
七七事变	1937-07-07	七七事变又称卢沟桥事变，从此日本展开全面大规模侵华战争，1937 年 12 月 13 日南京沦陷。

续表

事件名称	时间节点	摘要
九一八事变	1931-09-18	1931 年 9 月 18 日夜，日军炮轰中国东北军北大营，次日，侵占沈阳，又陆续侵占了东北三省。中国人民将这一天作为国耻日之一。 每年 9 月 18 日上午，全国各地以拉响防空警报的形式，警示国人勿忘国耻。
中国共产党建党	1921-07-01	中国共产党第一次全国代表大会于 1921 年 7 月 23 日至 8 月初在上海法租界望志路 106 号（现兴业路 76 号）和浙江嘉兴（游艇上）召开。 有李达、李汉俊、刘仁静、董必武、陈潭秋、毛泽东、何叔衡、王尽美、邓恩铭等 13 名党员代表全国 50 多名党员出席会议，共产国际代表马林和尼克尔斯基列席会议。 后将每年的 7 月 1 日作为中国共产党诞辰纪念日。

表 7-3-2 近 20 年"国民经济状况"表中的数据

事件名称	年份	GDP（亿元）	排名	人均 GDP（元）	人均排名	居民人均可支配收入（元）
十八大前	2003	137422.0	6	10666	129	5007
十八大前	2004	161840.2	6	12487	129	5661
十八大前	2005	187318.9	5	14368	134	6385
十八大前	2006	219438.5	4	16738	136	7229
十八大前	2007	270092.3	3	20494	131	8584
十八大前	2008	319244.6	3	24100	128	9957
十八大前	2009	348517.7	2	26180	121	10977
十八大前	2010	412119.3	2	30808	115	12520
十八大前	2011	487940.2	2	36277	113	14551
十八大前	2012	538580.0	2	39771	110	16510
十八大	2013	592963.2	2	43497	105	18311
十八大	2014	643563.1	2	46912	101	20167
十八大	2015	688858.2	2	49922	91	21966
十八大	2016	746395.1	2	53783	91	23821
十八大	2017	832035.9	2	59592	90	25974
十九大	2018	919281.1	2	65534	85	28228
十九大	2019	986515.2	2	70078	83	30733
十九大	2020	1013567.0	2	71828	75	32189
十九大	2021	1143670.0	2	80976	69	35128
十九大	2022	1210207.0	2	85698	63	36883

（2）通过 SQL-Insert 语句，输入"商品类别"表和"雇员"表中的数据如表 7-3-3 和表 7-3-4 所示。

表 7-3-3　“商品类别”表中的数据

类别号	类别名称	类别号	类别名称	类别号	类别名称	类别号	类别名称
001	饮料	003	点心	005	谷类/麦片	007	特制品
002	调味品	004	日用品	006	肉/家禽	008	海鲜

表 7-3-4　“雇员”表中的数据

雇员号	姓名	职务	性别	出生日期	雇用日期	联系电话
001	张丽颖	0	2	1988-12-8	2008-5-1	85159857
002	王伟	0	1	1992-2-19	2010-8-14	85559482
003	李玫芳	0	2	1973-8-30	2003-4-1	85553412
004	郑方杰	1	2	1978-9-19	2002-5-3	85558122

（3）将“D:\U99140101\供应商.XLSX”（如图 7-3-1 所示）和“商品.XLSX”（如图 7-3-2 所示）两个文件中的数据分别导入“供应商”和“商品”表中，但要保留表的原结构。

供应商.xlsx

	A	B	C	D	E	F
1	供应商号	供应商名称	联系人	联系电话	网络地址	电子信箱
2	0001	佳佳乐	陈女士	65552222	WWW.[illegible].COM	C65552222@JJLE.COM
3	0002	康富食品	黄女士	65554822	WWW.[illegible].COM	HNS@KFSP.COM
4	0003	妙生	胡先生	85555735	WWW.[illegible].COM	H85555735@MIAOS.COM
5	0004	为全	王先生	65555011	WWW.[illegible].COM	W65555011@WQUAN.COM
6	0005	日正	李先生	65987654	WWW.[illegible].COM	L65987654@RIZHENG.COM
7	0006	德昌	刘先生	43178770		L43178770@SOHU.COM
8	0007	正一	方先生	(021) 44492343		F44492343@SINA.COM

供应商

图 7-3-1　“供应商.XLSX”中的数据

商品.xlsx

	A	B	C	D	E	F	G	H	I
1	商品号	商品名称	供应商号	类别号	数量单位	进价	库存量	售价	停售
2	0001	苹果汁	0001	001	瓶	1.5	1393	2.1	-1
3	0002	牛奶	0001	001	瓶	1.5	1862	2.1	0
4	0003	蕃茄酱	0001	002	瓶	1.5	0	2.1	0
5	0004	盐	0002	002	袋	1.5	1258	2.1	0
6	0005	麻油	0002	002	瓶	1.5	2000	2.1	-1
7	0006	酱油	0003	002	瓶	2.5	134	3.5	0
8	0007	海鲜粉	0003	007	盒	2	1896	2.8	0
9	0008	胡椒粉	0003	002	盒	1.5	2047	2.1	0
10	0009	鸡	0004	006	500克	15	0	21	-1

商品

图 7-3-2　“商品.XLSX”中的数据

（4）通过表间关联输入的方法将表 7-3-5 中的数据输入到“销售”表中，同时调整“商品”表中的库存量。

表 7-3-5　销售商品的数据

商　品	雇　员	数　量	售　价
胡椒粉	张丽颖	2	2
牛奶	李玫芳	1	2.1
酱油	郑方杰	3	3.5

（5）删除"商品"表中库存量为 0 的所有商品。

（6）将"商品"表中未停售的、售价高于进价 30%的商品售价调整到进价的 1.3 倍。

三、预备知识

1．数据操纵语言

用 SQL 的数据操纵语言能增加、修改和删除表中的数据记录，包含三种语句。

（1）增加数据记录：Insert Into <表名> [（<字段名表>）] Values（<表达式表>）。执行该语句后，在表中追加新记录，用"表达式表"中各个表达式的值填充对应字段的值。当省略"字段名表"时，"表达式表"中的各个表达式按表中的字段顺序一一对应。

（2）修改数据记录：Update <表名> Set <字段名 1>=<表达式 1>[…，<字段名 n> =<表达式 n>][Where <条件>]。执行该语句后，对于符合"条件"的记录，用表达式的值更新对应字段的值，若省略 Where <条件>短语，则更新表中的所有记录。

（3）删除数据记录：Delete From <表名> [Where <条件>]。语句的功能是从表中删除符合条件的记录，若省略 Where <条件>短语，则删除表中的全部记录，使之成为空表。

2．数据的关联输入

所谓表间关联输入就是在输入一个表中的数据时，可以引用或输入、修改其关联表中的数据。在 Access 中，可以通过两种途径实现表中数据的关联输入。

（1）字段关联输入：设计表（如"商品"表）中某字段（如"供应商号"）时，在"查阅"选项卡中，选择"显示控件"为"组合框"或"列表框"，"行来源类型"为"表/查询"，在"行来源"中输入表名或 Select 语句。在输入字段（如"商品"表中的"供应商号"）的值时，可以从下拉列表框中选择相关表中字段的值（如"供应商"表中的"供应商名称"）。这种处理方式一般用于在当前表中存储数据的编码，输出数据时呈现对应的名称。

（2）记录关联输入：对于建立关系的表，输入或修改主表中数据的同时，可以输入或修改从表中的数据。

四、注意事项

（1）通过 Excel 表向数据库表追加（导入）数据记录时，Excel 表中包含的列标题名要与数据库表中的字段名一致，但对前后顺序没有特殊要求。

（2）数据的关联输入效果与表中字段的设置及表间关系密切相关，若字段关联输入的效果不佳，则应该回到表设计视图检查"查阅"选项卡中的相关内容；若记录不能关联输入，则应该打开"关系"设计窗口，检查关系的正确性。

（3）对表之间实施了参照完整性、级联更新或级联删除后，在输入（导入）、修改或删除表中的数据记录时，可能会引起多个表的相互制约或连锁操作。例如，不能删除主表中的记录或删除主表中的记录时将自动删除子表中的关联记录；不能输入子表中的记录或修改主表中的数据时自动修改子表中的关联记录等。

（4）执行 SQL 的 Insert、Delete 或 Update 语句时，当前数据库应该处于非禁用模式，处于禁用模式不能执行这些语句。

五、实验步骤

1. 用数据表视图输入数据

（1）在 Access 导航窗口中，选择"打开"→"浏览"选项，在"打开"对话框中，选择学生文件夹（如"D:\U99140101"）和文件名"历史事件.accdb"，单击"打开"按钮。

（2）在导航窗格中，右击"代表性事件"表，在弹出的快捷菜单中选择"打开"选项，通过数据表视图将表 7-3-1 中的数据输入到"代表性事件"表中，如图 7-3-3 所示。

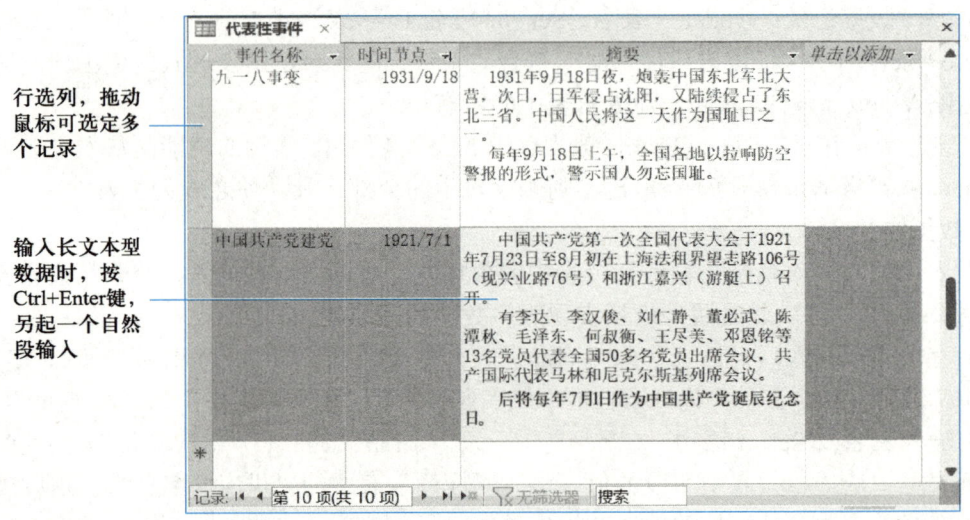

图 7-3-3　数据表视图

（3）用与步骤（2）类似的操作，将表 7-3-2 中的数据输入"国民经济状况"表中。

2. 执行 SQL-Insert 语句输入数据

（1）单击"文件"→"打开"→"浏览"按钮，在"打开"对话框中，选择学生文件夹和文件名 SPJXC.accdb，单击"打开"按钮。

（2）单击"创建"→"查询设计"按钮，选择"SQL 视图"选项。

（3）输入如下 SQL 语句：

```
Insert into  商品类别  Values ("001","饮料");
```

（4）单击"查询设计"→"运行"按钮，向"商品类别"表中添加一条数据记录。

（5）用表 7-3-3 中的每个数据，修改步骤（3）中的语句，重复执行步骤（4），直到表 7-3-3 中的全部数据都添加到"商品类别"表中。

（6）与向"商品类别"表中添加数据记录的过程类似，修改和执行下列语句，将表 7-3-4 中的全部数据都添加到"雇员"表中：

Insert Into 雇员 Values ('001','张丽颖','0','2',#1988/12/8#,#2008/5/1#,'85159857');

3. 导入 Excel 文件中的数据

（1）首先启动 Microsoft Excel 软件，单击"新建"→"空白工作簿"按钮，将图 7-3-1 中的数据输入到 Sheet1 工作表中，保存"文件名"为"E:\U99140101\供应商.XLSX"。

（2）单击"外部数据"→"新数据源"→"从文件"→Excel 选项，在"获取外部数据- Excel 电子表格"对话框（见图 7-3-4）中，选择"文件名"为"E:\U99140101\供应商.XLSX"，选中"向表中追加一份记录的副本"（不要选中"将源数据……新表中"，避免重新建立"供应商"表），并从下拉列表框中选择"供应商"选项，单击"确定"按钮。

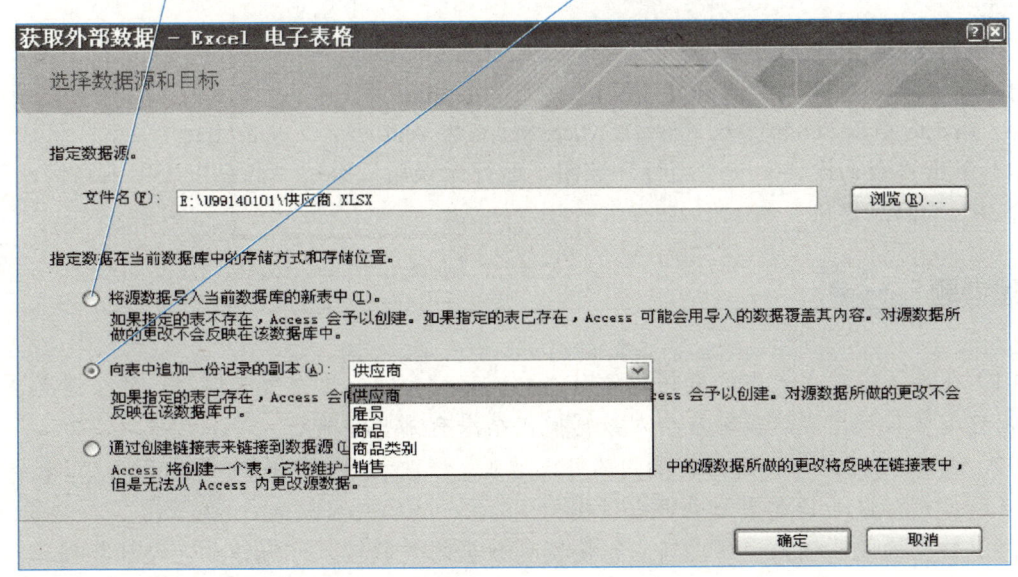

图 7-3-4 "获取外部数据－Excel 电子表格"对话框

（3）重复上述步骤（1）和（2）操作，将图 7-3-2 中的数据导入到"商品"表中。

4. 用数据表视图关联输入数据

在导航窗格中，右击"商品"表，在弹出的快捷菜单中选择"打开"选项，在数据表视图中（见图 7-3-5）修改"商品"表中的库存量，单击"商品"表中左侧的展开按钮"+"，向"销售"表中输入该商品的销售数据记录。

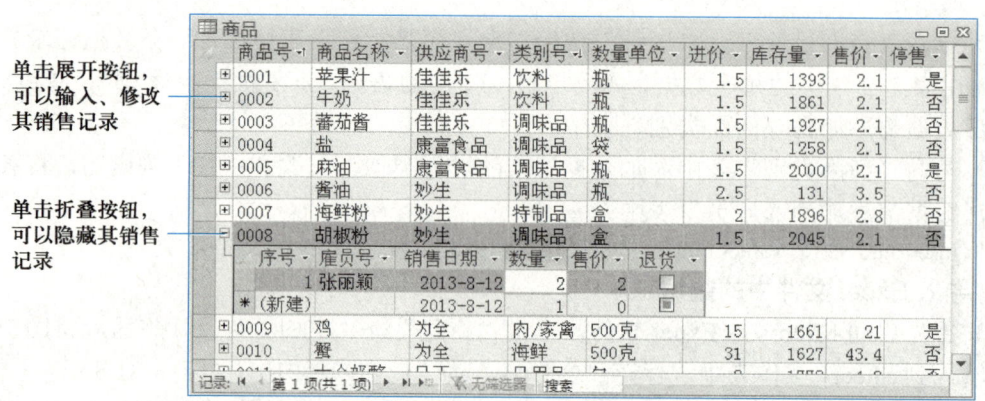

单击展开按钮，可以输入、修改其销售记录

单击折叠按钮，可以隐藏其销售记录

图 7-3-5 商品与销售表关联输入的数据视图

5．执行 SQL 语句删除记录

（1）单击"创建"→"查询设计"按钮，选择"SQL 视图"选项，输入如下 SQL 语句：

Delete from 商品 Where 库存量 = 0;

（2）单击"查询设计"→"运行"按钮，运行无误后便删除了"商品"表中库存量为 0 的全部记录。

6．执行 SQL 语句修改数据

（1）在"SQL 视图"中将 SQL 语句改成下列 Update 语句：

Update 商品 Set 售价 = 进价*1.3 Where Not 停售 And 售价 > 进价*1.3;

（2）单击"查询设计"→"运行"按钮，运行无误后调整了"商品"表中未停售、售价高于进价 30% 的商品售价。

六、思考题

（1）在导入或输入表中的数据记录时，系统有时会弹出出错警告信息，什么情况下系统会弹出这类警告？出现这类警告会对数据操作结果有哪些影响？

（2）通过 SQL 语句和数据表视图都可以增加、修改和删除表中的数据记录，二者各自的优缺点是什么？SQL 语句更适合哪些情况？

（3）数据的关联输入有哪些特点？要实现数据的关联输入，应该如何设计数据库？

（4）执行 Update、Delete 或 Insert 语句时，当系统状态栏中提示"操作或事件已被禁用模式阻止"时，这些语句并没有成功执行。当出现这种现象时，需要如何操作才能成功执行这些语句？

7.4 导入/导出数据

一、实验目的

通过学习数据库中数据的导入/导出，掌握数据库与其他软件进行数据交换的过程和技术，了解能与 Access 进行数据交换的软件类型及数据格式，掌握由其他表创建 Access 数据库表的方法，提高计算机综合应用的能力，增强数据的重用意识，以节省数据处理时间，从而提高工作效率。

二、实验要求

（1）将"历史事件.accdb"数据库中的"代表性事件"表导出为网页文件（代表性事件.html）；"国民经济状况"表导出为 PDF 文件（国民经济状况.pdf）。

（2）将"商品进销存.accdb"数据库中的"雇员"表导出为文本文件（雇员.txt）；"销售"表导出为 Excel 文件（销售.xlsx）；"商品"表导出为 Visual FoxPro 兼容的 dBASE 文件（商品.dbf）。

（3）创建数据库文件 JXC.accdb，依据"商品进销存.accdb"中的"商品类别"和"雇员"表以及"商品.dbf"文件的内容，创建相关表并导入数据。

三、注意事项

（1）导出数据库表中的数据时，选择不同的文件格式和相关选项，将直接影响数据的导出结果。另外，要记住文件的导出位置，以便后续应用时能找到相关文件。

（2）用导入数据的方法所创建的新表不够完善，如缺少表的主键、验证规则和表间关系等，也可能包含多余的字段，必要时可以再通过表设计视图进行调整和完善。

四、实验步骤

1．导出"历史事件.accdb" 中表的数据

（1）在 Access 导航窗口中，选择"打开"→"浏览"选项，在"打开"对话框中，选择学生文件夹（如"D:\U99140101"）和文件名"历史事件.accdb"，单击"打开"按钮。

（2）选中导航窗格中的"代表性事件"表，单击"外部数据"→"导出"→"其他"→"HTML 文档"选项，在"导出-HTML 文档"对话框中输入和选中的内容如图 7-4-1 所示，单击"确定"按钮，在 D:\U99140101 文件夹中系统生成了网页代码文件"代表性事件.html"，用记事本软件打开该文件，可以查看网页源代码，双击该文件，启动浏览器查看"代表性事件"表中的网页数据。

（3）选中导航窗格中的"国民经济状况"表，单击"外部数据"→"导出"→"PDF 或 XPS"选项，在"发布为 PDF 或 XPS"对话框中，选择路径（如 D:\U99140101）和输入文件名"国民经济状况.pdf"，单击"发布"按钮。

2．导出"商品进销存.accdb"中表的数据

（1）在 Access 导航窗口中，选择"打开"→"浏览"选项，在"打开"对话框中，选择学生文件夹（如 D:\U99140101）和文件名"商品进销存.accdb"，单击"打开"按钮。

（2）选中导航窗格中的"雇员"表，单击"外部数据"→"导出"→"文本文件"选项，在"导出文本文件"对话框中输入和选中的内容如图 7-4-2 所示，单击"确定"按钮。

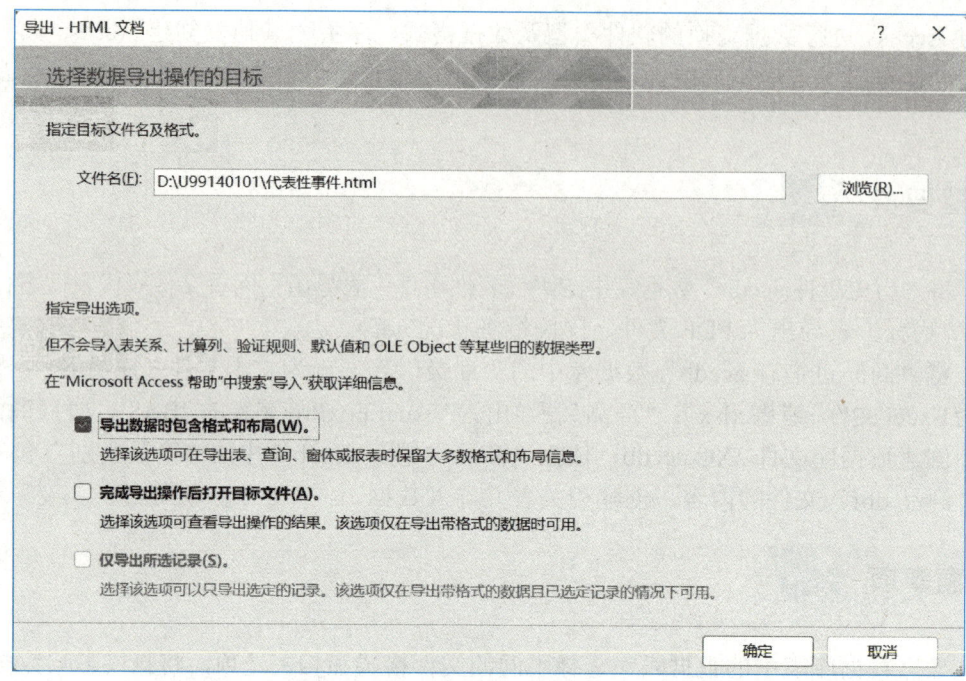

图 7-4-1　导出 HTML 文件对话框

选中此项，导出的数据与数据表视图显示的数据一致，如"职位"和"性别"均为汉字；
不选中此项，导出的数据与表中实际存储的数据一致，如"职位"和"性别"均为编码

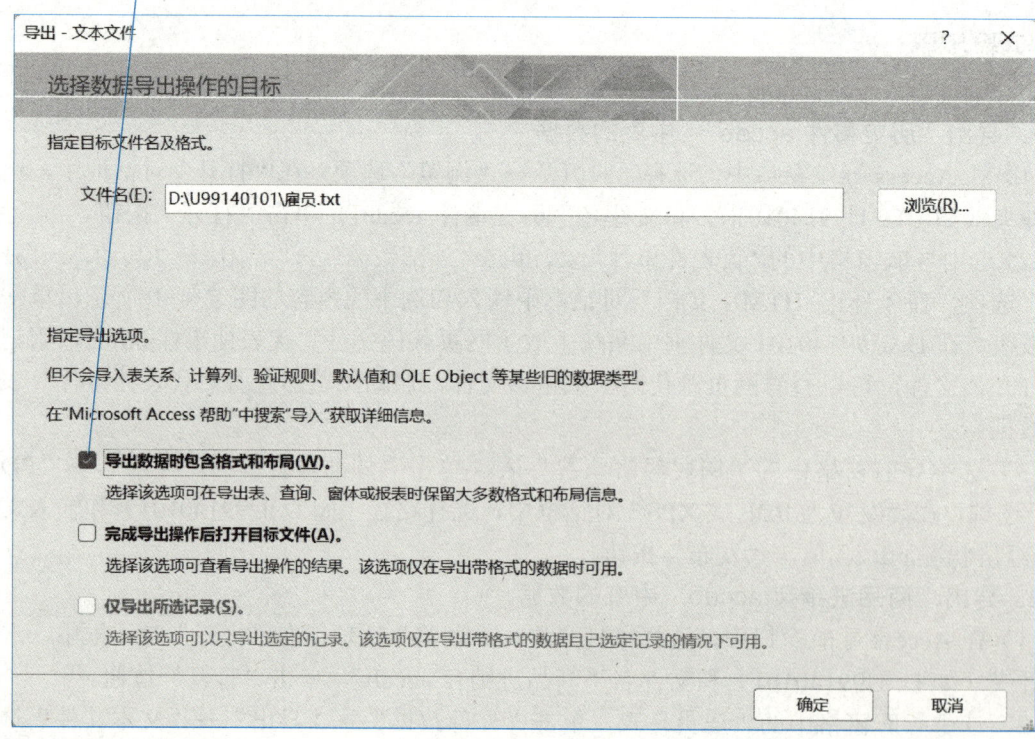

图 7-4-2　"导出-文本文件"对话框

在学生文件夹（如 D:\U99140101）中，双击"雇员.txt"文件，通过记事本软件可以查看和修改其内容，其中包含表格中的分隔线。

（3）与步骤（2）操作类似，可以将"销售"表导出为"销售.xlsx"，"商品"表导出为"商品.dbf"。

3．创建表的同时导入数据

（1）单击"文件"→"新建"→"空数据库"按钮，选择存储数据库的文件夹（如 D:\U99140101），输入数据库文件名 JXC.accdb，单击"创建"按钮。

（2）选择"外部数据"→"导入并链接"→"新数据源"→"从数据库"→Access 选项，在"获取外部数据-Access 数据库"对话框中，选择"文件名"为"D:\U99140101\商品进销存.accdb"，选中"将表、查询、窗体、报表宏和模块导入到当前数据库"单选按钮，单击"确定"按钮，在弹出的"导入对象"对话框的"表"选项卡中，选中"雇员"和"商品类别"表，如图 7-4-3 所示，单击"确定"按钮。

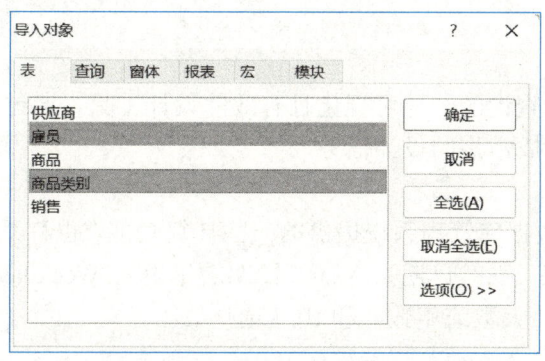

图 7-4-3 "导入对象"对话框

（3）选择"外部数据"→"导入并链接"→"新数据源"→"从数据库"→"dBASE 文件"选项，在"获取外部数据- dBASE 文件"对话框中，选择"文件名"为"D:\U99140101\商品.DBF"，单击"确定"→按钮。

五、思考题

（1）Access 能为哪些软件导出数据？能将哪些软件处理的数据导入到数据库的表中？
（2）在 Access 中，通过导入数据的方法也能创建数据库的表，与通过 SQL 语句或设计视图创建表的方法比较，导入数据的方法有哪些优点？有哪些不足之处？

7.5 表达式设计与应用

一、实验目的

学习 SQL 语句中表达式的设计方法，掌握 Access 中常用运算符、谓词和标准函数等基本概念、功能及作用，更深入理解表达式的用途。

二、实验要求

（1）依据"代表性事件"表，通过查询设计视图，设计能输出中华人民共和国成立以来到目前为止发生的、摘要中有"中国特色"一词的事件名称、时间节点和摘要信息的查询，并保存查询对象名为"中国特色"。

（2）用 SQL- Select 语句，从"代表性事件"表中输出各个事件的名称、时间节点、对应星期几、到语句运行时的年数和天数。输出数据按天数升序排列，查询对象保存为"事件的时间情况"。

三、预备知识

1．查询设计视图

查询设计视图是数据查询的一种可视化且有效的设计工具，通过简单的鼠标操作和少量的键盘输入就能够快捷地完成常规的设计任务。

2．标准函数

标准函数是 Access 数据库管理系统提供的一些计算功能，也称系统函数或内置函数。本实验用到的标准函数有 Date（系统日期）、Year（日期的年份）、Weekday（日期星期几）、DateDiff（两个日期相差的小时数、天数或年数）和 IIf（选择）。

3．谓词

谓词是数据库管理系统中定义的一些特殊运算，它们能对一些常规数据类型（如数字、文本和日期时间等）及数据集合进行运算，运算结果均是逻辑型数据。本实验用到的谓词运算符有 Between（区间运算）和 Like（匹配运算）。

4．基本 SQL- Select 语句

Select 是 SQL 中能对数据库进行输出、排序和统计分析的语句，以表格形式呈现输出结果。本实验为了验证表达式的作用，仅用到 Select 语句的简单格式：

　　　　Select　<表达式 1>[As <列名 1>],…,<表达式 n>[As <列名 n>]
　　　　　　From <表名> [Where <条件>][Order By <关键字>]

其中，"表达式 i"用于计算输出结果中的第 i 列数据，"列名 i"用于定义第 i 列数据的列名（标题），"表名"用于指出数据来源于哪个表，"条件"是从表中提取记录的逻辑值表达式，"关键字"用于指出输出数据的排序列号或表达式。

四、注意事项

（1）SQL 语句中各项之间至少有一个空格，英文字母不区分大小写。

（2）语句及表达式中的英文字母、数字、运算符和标点符号一律用半角（英文）方式输入，否则将引发语法错误。

五、实验步骤

（1）在 Access 导航窗口中，选择"打开"→"浏览"选项，在"打开"对话框中，选择学生文件夹（如 D:\U99140101）和文件名"历史事件.accdb"，单击"打开"按钮。

（2）单击"创建"→"查询设计"按钮，在"设计视图"中，从"添加表"窗格中向数据源对象窗格拖曳"代表性事件"表名；分别双击数据源对象窗格中的"事件名称""时间节点"和"摘要"3 个字段，在查询设计窗格中，选中和输入相关内容，如图 7-5-1 所示。

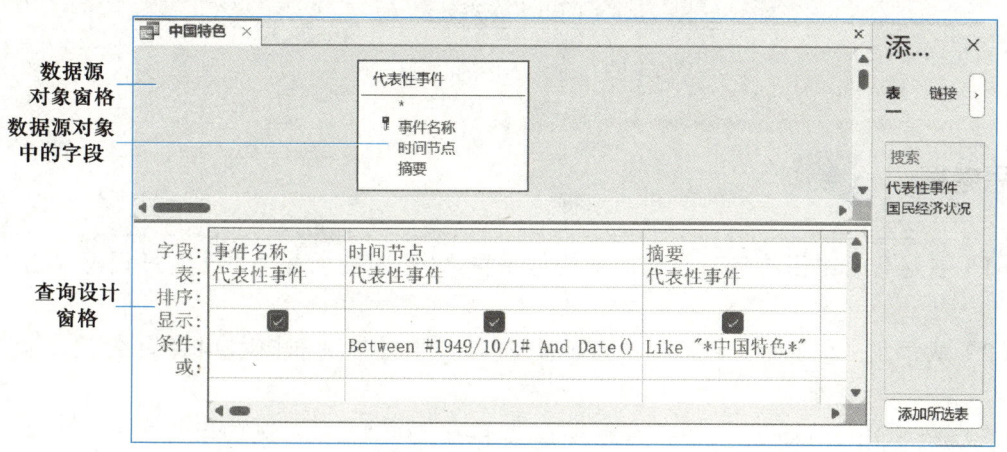

图 7-5-1　查询设计视图

（3）单击"查询设计"→"运行"按钮，查看并检查运行结果。

（4）如果运行结果不正确，则选择"开始"→"视图"→"设计视图"选项，与图 7-5-1 核对并修改设计，再次运行设计，直至运行结果正确为止。

（5）选择"文件"→"保存"选项，在"另存为"对话框中，输入"查询名称"为"中国特色"。

（6）选择"开始"→"视图"→"SQL 视图"选项，将原内容改为下列 SQL-Select 语句：

```
Select 事件名称, 时间节点,
       IIf(Weekday(时间节点)=1,"日",IIf(Weekday(时间节点)=2,"一",
       IIf(Weekday(时间节点)=3,"二",IIf(Weekday(时间节点)=4,"三",
       IIf(Weekday(时间节点)=5,"四",IIf(Weekday(时间节点)=6,"五","六")))))) AS 星期,
       DateDiff("yyyy",时间节点,Date()) As 年数,
       DateDiff("d",时间节点,Date()) As 天数
From 代表性事件
Order By 5 ;
```

其中，"Order By 5"是对输出结果第 5 列（天数）进行升序排列。

（7）选择"文件"→"另存为"→"对象另存为"选项，在"另存为"对话框中，将"查询名称"设为"事件的时间情况"。

（8）单击"查询设计"→"运行"按钮，查看并检查运行结果，如图 7-5-2 所示。

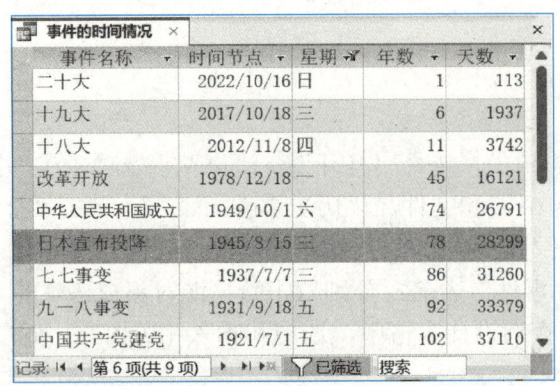

图 7-5-2　事件的时间情况

六、思考题

（1）在运行"中国特色"查询对象的结果中，"中国特色社会主义"一词总共出现多少次？

（2）从"九一八事变"到"日本宣布投降"，日本侵华战争长达 14 年之久，具体核算出多少天？

（3）在 SQL-Select 语句中，如果要求"年数"和"天数"列的表达式中不用 DateDiff 函数，应该如何修改对应的表达式？

（4）你实验的结果与图 7-5-2 比较，有哪些异同？其原因是什么？

7.6　数据统计分析

一、实验目的

学习数据的综合查询挖掘和统计分析技术，掌握查询设计视图和 SQL 语句在数据统计分析和挖掘方面的作用、设计方法及技巧，增强通过计算机进行数据统计分析的意识，提高使用数据库技术解决实际应用问题的能力。

二、实验要求

（1）通过查询设计视图，以供应商名称升序输出库存量低于 100 的未停售商品，输出内容包括供应商名称、联系人、联系电话、网络地址、电子信箱、商品名称和进价。

（2）通过查询设计视图统计商品销售及库存情况。输出内容有商品名称、总库存量、平均进价、售出笔数、销售数量、最高售价、最低售价和平均售价。

（3）用 SQL-Select 语句统计滞销商品（"商品"表中有记录而"销售"表中无记录的商品）。输出内容有商品名称、供应商名称、库存数量、平均进价和平均售价，同一个供应商的商品连续且按库存数量由高到低输出。

（4）用 SQL-Select 语句统计某年各月销售毛利润。输出内容包括月份、销售金额、售出商品的进货金额和毛利润（销售金额-售出商品的进货金额），按月份由小到大输出。

（5）用 SQL-Select 语句统计某年雇员的销售业绩。输出内容有月份、姓名、销售金额、售出商品进货金额、毛利润和奖励提成（毛利润的 10%）。输出结果中仅含奖励提成大于或等于 1 元的数据行，并且按月份从小到大、奖励提成从高到低排序。

（6）用 SQL-Select 语句统计各年 GDP 增长情况。依据"国民经济状况"表，按年份降序输出年份、GDP 同比增长（亿元）、人均 GDP 同比增长（元）、人均 GDP 排名同比增长和人均可支配收入同比增长（元）5 列信息。

（7）用 SQL-Select 语句输出各时期的 GDP 情况。内容包括时期、最高 GDP（亿元）、平均 GDP（亿元）、最高排名、平均排名、人均最高 GDP（元）、人均平均 GDP（元）、人均最高排名和人均平均排名。

三、预备知识

在 Access 数据库管理系统中，主要使用 SQL-Select 语句和查询设计视图两种手段设计数据统计与分析的查询对象。

1. SQL Select 语句

　　Select　*｜<表达式 1>[As <列名 1>],…,<表达式 n>[As <列名 n>]
　　　　　　From <数据源名 1> [<联接类型 1>｜，<数据源名 2>,<联接类型 2>|,…,
　　　　　　<数据源名 n> <联接类型 n>|, <数据源名 n+1>[On <条件 1>,…,On <条件 n>]]
　　　　　　[Where <条件>]
　　　　　　[Order By <关键字 1 > [ASC｜DESC],…,<关键字 n>[ASC｜DESC]]
　　　　　　[Group By <关键字表> [Having <条件>]]

（1）*|<表达式 i>[As <列名 i>]：确定查询结果中所包含的列，"*"表示数据源（表或查询）中全部字段；"表达式 i"可以包含常数、字段名和函数，如 AVG（<字段名>）、Count（*）、Max（<字段名>）、Min（<字段名>）和 Sum（<字段名>）等。"As <列名 i>"为查询结果定义列名，若省略此项，则字段名为列名或系统自动生成列名。

（2）From <数据源名 i> <联接类型 i> <数据源名 i+1> On <条件 i>：设置数据源及其联接类型，与"On <条件 i>"结合确定要输出的记录。例如：From 供应商 Inner Join 商品 On 供应商.供应商号 = 商品.供应商号。数据源之间有 3 种联接类型。

① Inner Join：仅输出两个数据源中符合"On <条件>"的记录。

② Left Join：输出两个数据源中符合"On <条件>"和左数据源中不符"On <条件>"的记录。

③ Right Join：输出两个数据源中符合"On <条件>"和右数据源中不符"On <条件>"的记录。

（3）Where <条件>：设置从数据源中提取记录的条件，如果 From 短语中的数据源名之间用逗号（,）分隔，则不能用"On <条件>"短语，只能通过 Where 短语设置联接条件。例如：From 供应商，商品 Where 库存量>0 And 供应商.供应商号 = 商品.供应商号。

（4）Order By <关键字> [ASC|DESC] ：设置查询结果的排序方式，其中关键字可以是表达式（字段）或列序号。有多个关键字时，仅当前面关键字的值相同时才按后面关键字的值排列记录。

（5）Group By <关键字表>：设置分组关键字，关键字值相同的记录统计成一行数据。关键字可以是 Select 短语中的表达式或字段名。

（6）带参数查询：是将运行查询对象时用户输入的数据带入查询对象中，在查询对象中可以引用参数，其格式为[参数名]，将直接影响查询的运行结果。运行查询对象时先弹出对话框，要求用户输入参数的值，随后再执行查询对象中对应的语句。例如，要输出某一期间"代表性事件"的相关信息，可以在实验 7.5 的 SQL-Select 语句中添加"[开始年度]"和"[结束年度]"两个参数，将其改为如下语句：

> Select 事件名称，时间节点，
>
> ......
>
> From 代表性事件 Where Year(时间节点) Between [开始年度] And [结束年度]
>
> Order By 5 ;

运行该查询对象时，系统依次弹出两个对话框，如图 7-6-1 所示，分别要求用户输入"开始年度"参数值（如 1949）和"结束年度"参数值（如 2022）。

在查询设计视图或 SQL-Select 语句中充分利用查询参数，可以增强查询对象的通用性和实用性。

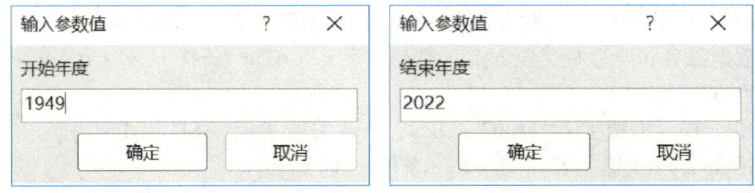

图 7-6-1　"输入参数值"对话框

2．查询设计视图

单击"创建"选项卡→"查询设计"选项，在设计视图中，从"添加表"窗格中向数据源对象窗格拖曳查询名或表名，如"供应商"表和"商品"表。查询设计视图如图 7-6-2 所示，有上下两半区，上半区为数据源对象窗格，下半区为查询设计窗格。

（1）数据源对象窗格：双击数据源对象中的字段名，可以将其添加到查询设计窗格中，作为查询操作的列；右击数据源对象之间的连线，在弹出的快捷菜单中选择"联接属性"选项，可以重新设置对象间的联接类型和条件；右击数据源对象窗格，在弹出的快捷菜单中选择"显示表"选项，在查询设计视图中增加"添加表"窗格；右击某个数据源对象，在弹出的快捷菜单中选择"删除表"选项，可以从数据源对象窗格中移除数据源对象；选择"SQL 视图"和"数据表视图"等选项，可以进行视图方式切换。

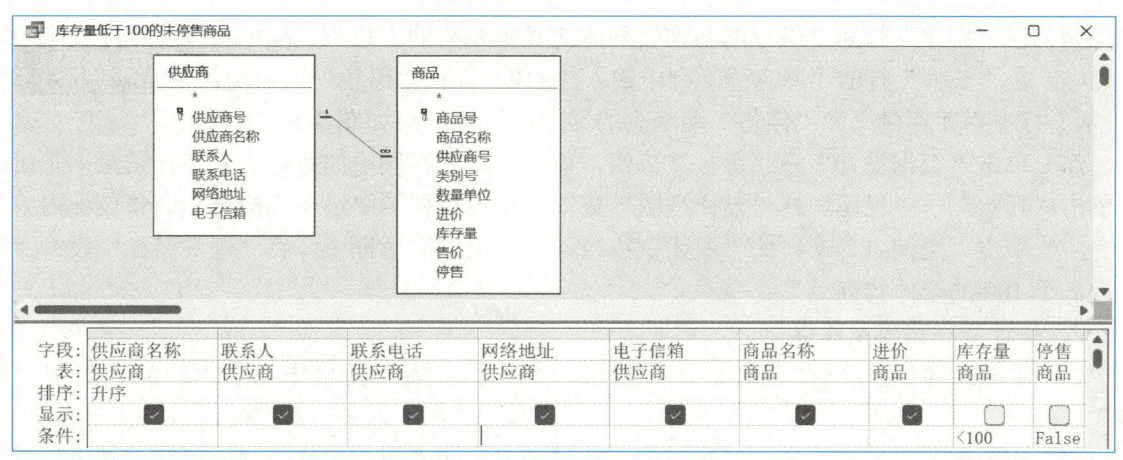

图 7-6-2　查询设计视图

① SQL 视图：用于查看、修改或输入 SQL 语句。

② 数据表视图：用于查看、修改、运行查询的结果数据。

（2）查询设计窗格：用于设计数据的排序方式、查询条件和是否显示某列等。右击查询设计窗格，在弹出的快捷菜单中选择"汇总"选项，或单击"查询设计"→"汇总"按钮，均可添加"总计"行，以便设计数据分组统计方式。

四、注意事项

（1）在 SQL 语句中，如果某字段名出现在两个或更多数据源中，则字段名前必须注明数据源名和圆点（.）。例如：From 供应商 Inner Join 商品 On 供应商.供应商号=商品.供应商号。如果某字段名仅是一个数据源中的字段，则字段名前可以省略数据源名及圆点。

（2）与查询结果无关的数据源不要添加到数据源对象窗格中，避免影响查询结果。

（3）在"Where <条件>"短语中不能出现 AVG、Count、Max、Min 和 Sum 等统计（聚类）函数，要对查询结果做进一步筛选，应该在"Having <条件>"中使用这些函数。

五、实验步骤

1．输出库存量低于 100 的未停售商品

（1）在 Access 导航窗口中，选择"打开"→"浏览"选项，在"打开"对话框中，选择学生文件夹（如 D:\U99140101）和文件名"商品进销存.accdb"，单击"打开"按钮。

（2）单击"创建"→"查询设计"按钮，在"添加表"窗格中双击"供应商"和"商品"两个表。

（3）在数据源对象窗格中，依次双击"供应商"表中的"供应商名称""联系人""联系电话""网络地址"和"电子信箱"字段以及"商品"表中的"商品名称""进价""库存量"和"停售"字段。

（4）在"排序"行和"供应商名称"列的交叉单元格的下拉列表框中选择"升序"选项。

（5）在"条件"行的"库存量"列中输入"<100"，在"停售"列中输入"False"，并取消"显示"行中"库存量"和"停售"两个列的显示。设计结果如图 7-6-2 所示。

（6）单击"查询设计"→"运行"按钮，检查数据表视图中的数据。若运行结果不正确，则单击"开始"→"视图"→"设计视图"按钮，在设计视图中进一步检查和调整设计内容。

（7）单击"查询 1"窗口的"关闭"按钮，在弹出的对话框中，将"查询名称"设为"库存量低于 100 的未停售商品"。

2．统计商品销售及库存

（1）单击"创建"→"查询设计"按钮，在"添加表"窗格中双击"商品"表和"销售"表。

（2）在数据源对象窗格中，依次双击"商品"表中的"商品名称""库存量""进价"以及"销售"表中的"序号"和"数量"，再 3 次双击"售价"字段。

（3）单击"查询设计"→"汇总"按钮，在查询设计窗格中增加了"总计"行。

（4）在"字段"行中，从"库存量"开始，将后面的单元格内容依次改为"总库存量:库存量""平均进价:进价""售出笔数:序号""销售数量:数量""最高售价:售价""最低售价:售价"和"平均售价:售价"，其中冒号一律以半角方式输入。

（5）在"总计"行中选择相关单元格的内容，设计结果如图 7-6-3 所示。

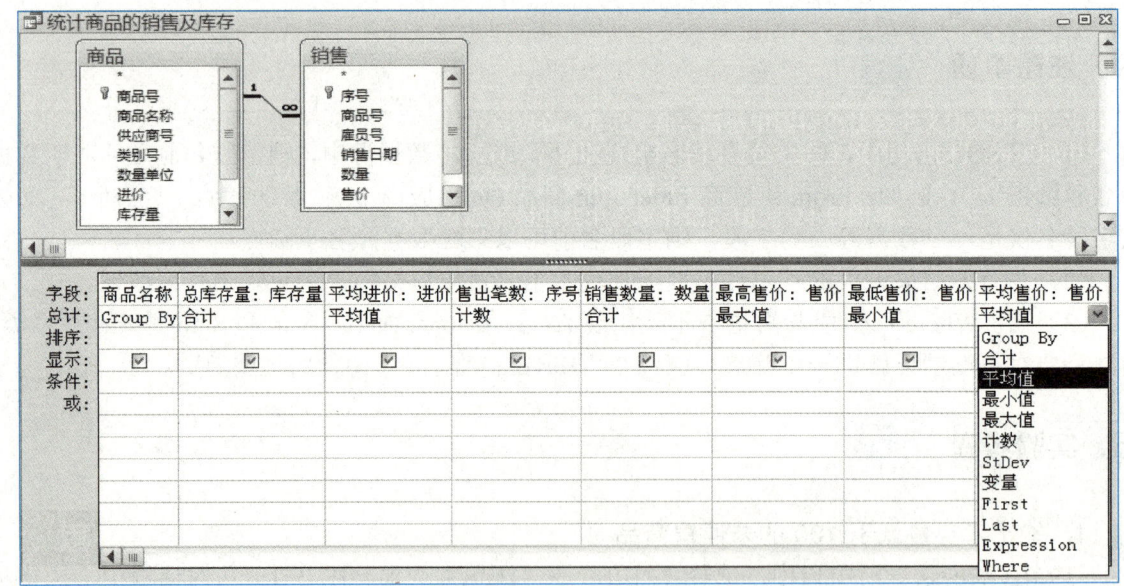

图 7-6-3　统计商品销售及库存的设计视图

（6）右击"平均售价:售价"列，在弹出的快捷菜单中选择"属性"选项，在"属性"窗口中选择"格式"为"标准"，"小数位数"为 2，为输出数据设计格式。

（7）单击"查询设计"→"运行"按钮，检查数据表视图中的数据。

（8）单击"查询 1"窗口的"关闭"按钮，在弹出的对话框中，将"查询名称"设为"统计商品销售及库存"。

3．统计滞销商品

（1）单击"创建"→"查询设计"按钮，选择"查询设计"→"SQL 视图"选项，在 SQL 视图中输入下列语句：

> Select 商品名称, 供应商号 As 供应商名, Sum(库存量) As 库存数量,
>   AVG(进价) As 平均进价, AVG(商品.售价) As 平均售价
>   From 商品 Left Join 销售 On 商品.商品号 ＝ 销售.商品号
>   Group By 商品名称, 供应商号 Having IsNull(Sum(数量))
>   Order By 2, 3 DESC；

语句中使用的数据源联接类型是 Left Join，使得"商品"表中有且无销售（"销售"表中无记录）的商品也参加统计；用 Having IsNull(Sum(数量)) 筛选掉有销售记录的商品数据行，其中 IsNull 是 Access 中用于判断参数值是否为 Null 的函数。另外，由于"商品"表和"销售"表中都包含"售价"和"商品号"字段，因此，语句中的"商品.售价""商品.商品号"和"销售.商品号"都不能省略"商品."和"销售."。

（2）单击"查询设计"→"运行"按钮，检查数据表视图中的数据，如图 7-6-4 所示。若运行结果不正确，则选择"开始"→"视图"→"SQL 视图"选项，在 SQL 视图中进一步修改 Select 语句。

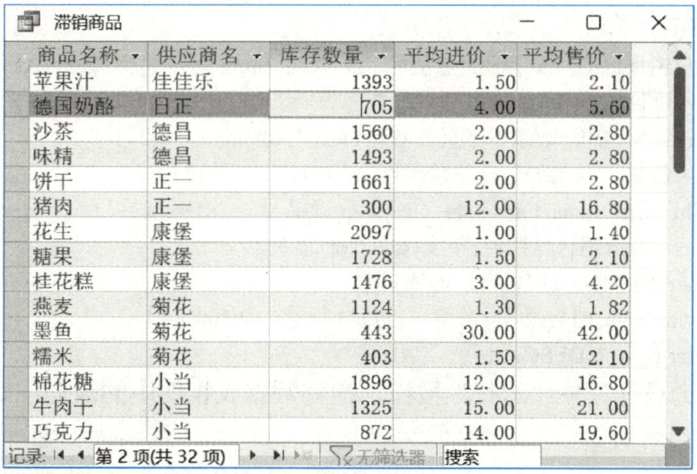

商品名称	供应商名	库存数量	平均进价	平均售价
苹果汁	佳佳乐	1393	1.50	2.10
德国奶酪	日正	705	4.00	5.60
沙茶	德昌	1560	2.00	2.80
味精	德昌	1493	2.00	2.80
饼干	正一	1661	2.00	2.80
猪肉	正一	300	12.00	16.80
花生	康堡	2097	1.00	1.40
糖果	康堡	1728	1.50	2.10
桂花糕	康堡	1476	3.00	4.20
燕麦	菊花	1124	1.30	1.82
墨鱼	菊花	443	30.00	42.00
糯米	菊花	403	1.50	2.10
棉花糖	小当	1896	12.00	16.80
牛肉干	小当	1325	15.00	21.00
巧克力	小当	872	14.00	19.60

记录: ⏮ ◀ 第2项(共 32 项) ▶ ▶⏭ ▷ 无筛选器 搜索

图 7-6-4　滞销商品数据表视图

（3）单击"查询 1"窗口的"关闭"按钮，在弹出的对话框中，将"查询名称"设为"滞销商品"。

4．统计某年各月销售毛利润

（1）单击"创建"→"查询设计"按钮，选择"查询设计"→"SQL 视图"选项，在 SQL 视图中输入下列语句：

> Select Month(销售日期) As 月份, Sum(销售.售价*数量) As 销售金额,
>   Sum(进价*数量) As 售出商品的进货金额,
>   Sum(销售.售价*数量 － 进价*数量) As 毛利润

```
From 商品 Inner Join 销售 On 商品.商品号 = 销售.商品号
Where Not 退货 and Year(销售日期)=[年度]
Group By Month(销售日期) Order By 1;
```

其中，“年度”为参数，运行查询对象时由用户输入值。Month 是取月份的函数，Year 是取年份的函数。

（2）单击“查询设计”→“运行”按钮，检查数据表视图中的数据，如图 7-6-5 所示。

毛利润

月份	销售金额	售出商品的进货金额	毛利润
1	44.80	20.00	24.80
2	170.00	98.00	72.00
3	107.00	77.00	30.00
4	24.70	18.00	6.70
5	12.60	9.00	3.60
6	206.30	154.50	51.80
7	113.50	82.50	31.00
8	1425.30	1019.50	405.80

记录：第 1 项(共 8 项)　无筛选器　搜索

图 7-6-5　某年各月销售毛利润数据表视图

5. 统计某年雇员销售业绩

（1）单击“创建”→“查询设计”按钮，选择“查询设计”→“SQL 视图”选项，在 SQL 视图中输入下列语句：

```
Select Month(销售日期) As 月份, 雇员号 As 姓名, Sum(销售.售价*数量) As 销售金额,
    Sum(进价*数量) As 售出商品进货金额,
    Sum(销售.售价*数量 - 进价*数量) As 毛利润,
    Sum(销售.售价*数量 - 进价*数量)*10/100 As 奖励提成
    From 商品 Inner Join 销售 On 商品.商品号 = 销售.商品号
    Where Year(销售日期)= [年度] and Not 退货
    Group By Month(销售日期), 雇员号
    Having Sum(销售.售价*数量 - 进价*数量)*10/100 >= 1
    Order By 1, 6 DESC;
```

（2）单击“查询设计”→“运行”按钮，检查数据表视图中的数据，如图 7-6-6 所示。

雇员销售业绩

月份	姓名	销售金额	售出商品进货金额	毛利润	奖励提成
1	李玫芳	42.00	18.00	24.00	2.40
2	王伟	63.00	27.00	36.00	3.60
2	赵洪军	86.00	62.00	24.00	2.40
2	李玫芳	21.00	9.00	12.00	1.20
3	郑方杰	86.00	62.00	24.00	2.40
6	李玫芳	200.00	150.00	50.00	5.00
7	李玫芳	52.60	39.00	13.60	1.36
7	王伟	35.70	25.50	10.20	1.02

记录：第 2 项(共 12 项)　无筛选器　搜索

图 7-6-6　某年各月雇员销售业绩数据表视图

6. 统计各年 GDP 增长情况

（1）在“Access”导航窗口中，选择“打开”→“浏览”选项，在“打开”对话框中，选

择学生文件夹（如 D:\U99140101）和文件名"历史事件.accdb"，单击"打开"按钮。

（2）单击"创建"→"查询设计"按钮，选择"查询设计"→"SQL 视图"选项，在 SQL 视图中输入下列语句：

> Select 国民经济状况.年份，
>
> 国民经济状况.GDP（亿元）-GM.GDP（亿元）As GDP 同比增长（亿元），
>
> 国民经济状况.人均 GDP（元）-GM.人均 GDP（元）As 人均 GDP 同比增长（元），
>
> GM.人均排名-国民经济状况.人均排名 As 人均 GDP 排名同比增长，
>
> 国民经济状况.居民人均可支配收入（元）-GM.居民人均可支配收入（元）As 人均可支配收入同比增长（元）
>
> From 国民经济状况, 国民经济状况 As GM Where 国民经济状况.年份=GM.年份+1
>
> Order By 国民经济状况.年份 DESC ;

语句中将"国民经济状况"表作为两个数据源使用，因此，需要将其中一个"国民经济状况"表另起别名 GM，并且，每个字段名前都需要写"国民经济状况."或"GM."。

（3）单击"查询设计"→"运行"按钮，检查数据表视图中的数据，如图 7-6-7 所示。

年份	GDP同比增长(亿元)	人均GDP同比增长(元)	人均GDP排名同比增长	人均可支配收入同比增长(元)
2022	66537.3	4722	6	1755
2021	130102.8	9148	6	2939
2020	27051.8	1750	8	1456
2019	67234.1	4544	2	2505
2018	87245.3	5942	5	2254
2017	85640.8	5809	1	2153
2016	57536.9	3861	0	1855
2015	45295.1	3010	10	1799
2014	50599.9	3415	4	1856
2013	54383.2	3726	5	1801
2012	50639.8	3494	3	1959
2011	75820.9	5469	2	2031
2010	63601.6	4628	6	1543
2009	29273.1	2080	7	1020
2008	49152.3	3606	3	1373
2007	50653.8	3756	5	1355
2006	32119.6	2370	-2	844
2005	25478.7	1881	-5	724
2004	24418.2	1821	0	654

记录: ◄ ◄ 第8项(共19项) ► ►◄ ▽ 无筛选器 搜索

图 7-6-7 GDP 增长情况数据表视图

7．输出各时期的 GDP 情况

（1）单击"创建"→"查询设计"按钮，选择"查询设计"→"SQL 视图"选项，在 SQL 视图中输入下列语句：

> Select 事件名称 As 时期，
>
> Max(GDP 亿元)As 最高 GDP（亿元），Avg(GDP（亿元）)As 平均 GDP（亿元），
>
> Min(排名)As 最高排名，Avg(排名)As 平均排名，
>
> Max(人均 GDP（元）)As 人均最高 GDP（元），Avg(人均 GDP（元）)As 人均平均 GDP（元），
>
> Min(人均排名)As 人均最高排名，Avg(人均排名)As 人均平均排名
>
> From 国民经济状况
>
> Group BY 事件名称 Order By 2 DESC;

由于排名的值越小，排名越高，因此，语句中用 Min 函数计算最高排名。

（2）单击"查询设计"→"运行"按钮，检查数据表视图中的数据，如图 7-6-8 所示。

各时期的GDP情况							
时期	最高GDP(亿元)	平均GDP(亿元)	最高排名	平均排名	人均最高GDP(元)	人均平均GDP(元)	人均最高排名	人均平均排名
十九大	1,210,207.0	1,054,648.0	2	2	85698	74822.8	63	75
十八大	832,035.9	700,763.1	2	2	59592	50741.2	90	95.6
十八大前	538,580.0	308,251.4	2	3.5	39771	23188.9	110	124.6

图 7-6-8　各时期的 GDP 情况数据表视图

六、思考题

（1）通过查询设计视图和 SQL-Select 语句都可以设计查询对数据进行统计分析，二者各自的特点是什么？有哪些互补性？如何控制 SQL-Select 语句查询结果中的数据格式（如小数位数）？

（2）在"商品进销存.accdb"中执行"Select 雇员号,数量 From 雇员 Order By 1"，查询结果中为什么输出雇员的姓名，并按雇员号排序？要使输出的结果按姓名（文字）排序，应该如何修改语句？

（3）要输出近 20 年各年 GDP 增长率，应该如何设计查询？通过有关 GDP 数据两个侧面的统计分析，你对不同年份和不同时期的经济发展情况有哪些分析和评论？哪部分数据能体现人们生活水平提高的幅度？

7.7　设置数据库的密码

一、实验目的

学习设置数据库密码的方法和实施过程，为数据库提供基本的安全保障，培养和增强人们的信息安全意识。

二、实验要求

为"商品进销存"数据库设置密码和取消密码。

三、预备知识

在 Access 导航窗口或"文件"菜单中，选择"打开"→"浏览"选项，在"打开"对话框中，选择数据库文件名及其打开方式，如图 7-7-1 所示。

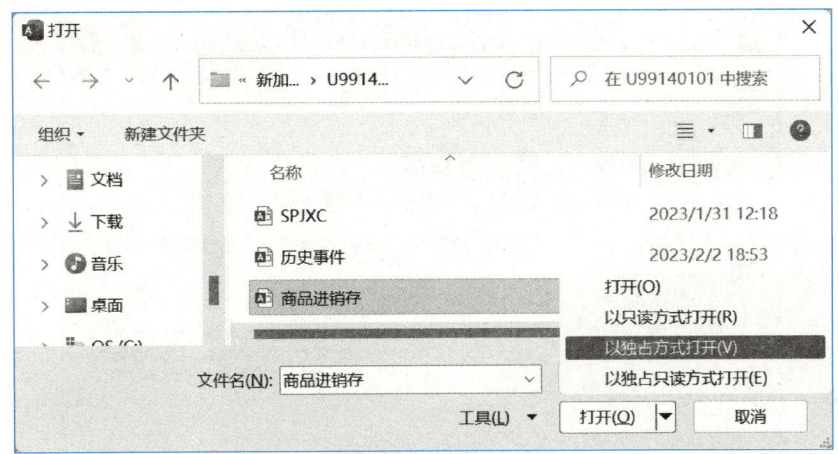

图 7-7-1　打开数据库文件对话框

选择何种打开方式，将对数据库操作有较大的限制和影响。4 种打开方式及其含义如下。

（1）打开：默认方式。以共享可修改方式打开数据库，即网络中多个用户可同时查看和修改数据库中的内容。

（2）以只读方式打开：当前打开数据库的用户只能查看、但不能修改数据库中的内容。

（3）以独占方式打开：如果当前数据库（如"商品进销存"数据库）正被网络中其他用户打开，则当前用户本次不能以此方式打开该数据库；当前用户一旦以这种方式打开数据库，可以对其中数据进行查看和修改，但在关闭该数据库之前，网络中其他用户不能以任何方式打开该数据库。

（4）以独占只读方式打开：与以独占方式打开类似，不同的是，当前用户不能对数据库中的数据进行修改。

四、注意事项

（1）在设置或取消数据库密码之前，要求以独占方式打开数据库。

（2）要记住为数据库设置的密码，以后打开该数据库时需要本密码，否则，该数据库将变为不可用的数据库。

五、实验步骤

1．设置数据库密码

（1）在 Access 导航窗口中，选择"打开"→"浏览"选项，在"打开"对话框中（见图 7-7-1），选择路径为 D:\U99140101，选中数据库文件名"商品进销存.accdb"，从"打开"按钮的下拉列表框选择"以独占方式打开"选项。

（2）选择"文件"→"信息"选项，如图 7-7-2 所示。

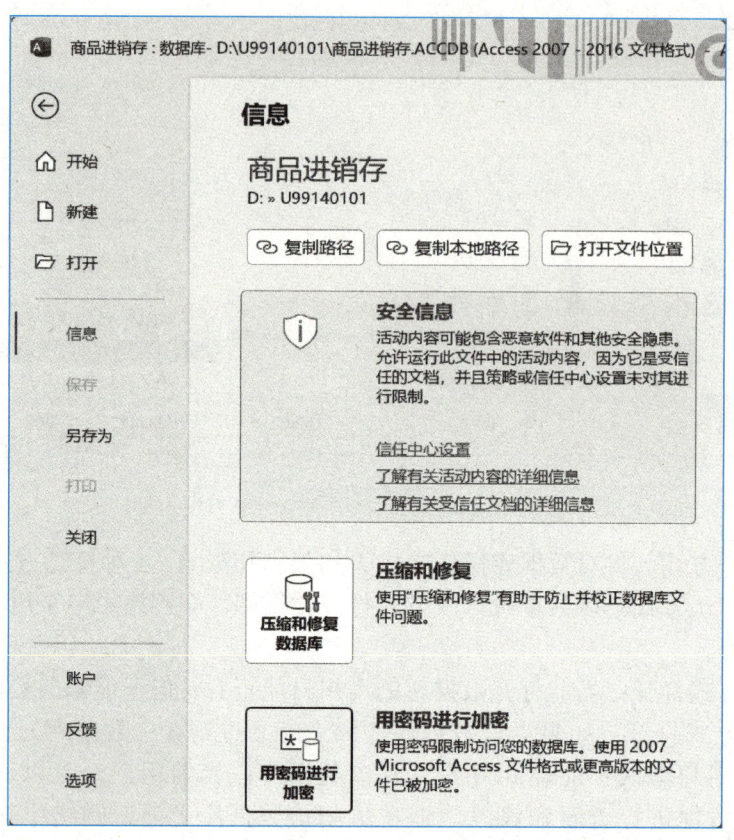

图 7-7-2　"信息"对话框

（3）在"信息"对话框中，单击"用密码进行加密"按钮，在打开的"设置数据库密码"对话框中，输入密码和验证密码（二者要一致），如图 7-7-3 所示，单击"确定"按钮，完成数据库密码设置。

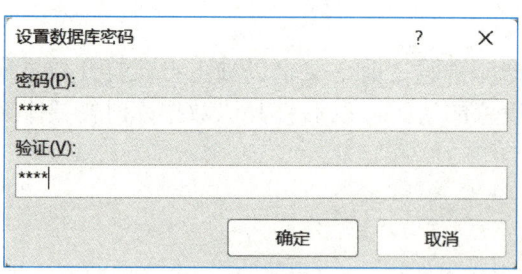

图 7-7-3　"设置数据库密码"对话框

（4）再重新打开"D:\U99140101\商品进销存.accdb"时，将弹出"要求输入密码"对话框，如图 7-7-4 所示。

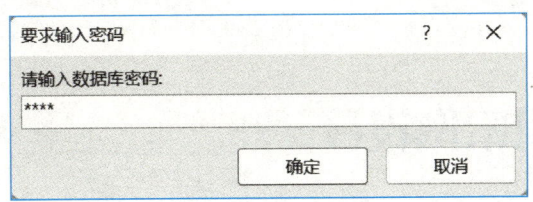

图 7-7-4 "要求输入密码"对话框

2. 取消数据库的密码

以独占方式打开有密码的数据库后，选择"文件"→"信息"选项，在"信息"对话框中，单击"解密数据库"按钮，再次正确输入密码后，便可取消数据库的密码。

六、思考题

（1）对一个数据库而言，是否设置密码各有哪些利弊？对什么性质的数据库应该设置密码？

（2）以独占或只读方式打开数据库与直接打开数据库比较，在操作数据库方面有哪些差异？对以只读方式打开的数据库能进行哪些操作？

第8章

多媒体技术应用案例设计

8.1　图像抠图及合成实验

一、实验目的

熟悉 Photoshop 常用抠图工具和命令的用法，掌握 Photoshop 多种抠图的方法和技巧。

二、实验要求

使用椭圆选框工具，完成足球的抠图操作。使用多边形套索工具，完成企鹅的抠图操作，然后将企鹅合成到新的背景图像中。使用魔棒工具或快速选择工具，完成宫殿抠图操作，然后将宫殿与新的天空背景合成。使用"色彩范围"命令，完成花朵的抠图操作，然后使用"色相/饱和度"命令调整花朵颜色。

三、预备知识

抠图就是把图片中某一部分从原始图片中分离出来，并存储到单独的图层。抠图的主要目的是为后期合成做准备，以便进一步完成对图像的艺术加工，制作出更完美的图像效果。

本实验中使用的 Photoshop 抠图方法包括：

1．选框工具抠图法

选框工具抠图法是 Photoshop 中最简单的抠图方法。使用选框工具可以创建标准几何形状的选区从而实现抠图。

2．套索工具抠图法

套索工具抠图法是使用套索工具选取不规则、外形复杂的图像区域实现抠图的方法。套索工具箱包含套索工具、多边形套索工具和磁性套索工具。套索工具适用于快速选取不规则形状的图形，在使用时可以对选区的边缘进行羽化达到细化的目的，有时也称这种方法为套索羽化法；多边形套索工具一般用于选取一些复杂的、棱角分明的、边缘呈直线的图形；磁性套索工具适用于图像主体与背景颜色色差明显且分界线清晰的选取操作，不需要按动鼠标键便能沿着颜色对比明显的图像边缘自动跟踪选取。

3．魔棒工具抠图法

魔棒工具抠图法是用魔棒工具在色相与色阶相同或相近的图像中选取区域，如果一幅图像要选择的部分或要删除的部分色彩单一，则利用魔棒工具选取图像最方便。通过设置魔棒工具选项栏中的"容差"参数可以控制创建选区的精度，"容差"参数值越大，选择精度越低，选择范围越大，"容差"参数值越小，选择精度越高，选择范围越小。

4．色彩范围抠图法

色彩范围抠图法是运用"色彩范围"命令通过指定颜色或灰度来创建选区进行抠图的方法。使用"色彩范围"命令时可以通过调整"颜色容差"值的大小确定选区的精确程度，"颜色容差"值越大，选择区域越大，反之则越小。虽然魔棒工具也是通过设定一定的颜色容差来建立选区，但"色彩范围"命令提供了更多的控制选项，更为灵活，功能更强。

四、注意事项

（1）使用选框工具创建选区时，如果选区形状与所选对象轮廓有偏差，可以使用"变换选区"命令，激活选区控制框调整选区形状，直到与所选对象轮廓匹配为止。

（2）使用套索工具组创建选区时，如果选区形状与所选对象轮廓有偏差，可以使用选区布尔运算选项，配合套索工具组中的工具，实现添加到选区和从选区中减去等调整选区的操作。

（3）使用魔棒工具创建选区时，注意"容差"参数值的大小与对所创建选区范围大小的关系。

（4）使用"色彩范围"命令创建选区时，注意"颜色容差"参数值的大小与对所创建选区范围大小的关系。

（5）当需要调整整个图层图像或图层中选择的图像大小和旋转方向时，可以先创建选区，然后使用"自由变换"命令，调整所选区域图像的大小和旋转方向。

五、实验步骤

1．使用选框工具抠图，合成足球和草地

（1）启动 Adobe Photoshop 2018，单击"文件"菜单，选择"打开"命令，在弹出的"打开"对话框中，进入"实验一素材"文件夹，使用鼠标框选"101 足球-抠图.JPG"和"102 草地-合成.jpg"两个素材文件，然后单击对话框的"打开"按钮，在 Photoshop 的编辑区中打开两个素材文件。

（2）单击"101 足球-抠图.JPG"图像文件的标题栏，将其激活到前台显示。

（3）在工具箱中，选择"选框工具组"中的"椭圆选框工具"，按住 Shift 键拖动鼠标，在图像窗口中创建圆形选区，选区大小尽量与足球大小匹配，如图 8-1-1 所示。

（4）使用方向键移动选区，或将鼠标指针移动到圆形选区内部，按住鼠标左键调整选区位置，使选区左侧边缘与足球左侧边缘重合，如图 8-1-2 所示。

图 8-1-1　创建圆形选区

图 8-1-2　调整选区位置

（5）打开"选择"菜单，选择"变换选区"命令，在圆形选区外围出现选区控制框。使用鼠标左键按住选区控制框右侧边框中心的控制点，当鼠标指针变为双向箭头时，按住鼠标左键向右拖动控制点，直到选区控制框与足球右侧边缘重合，如图 8-1-3 所示。

（6）按 Enter 键，确认对圆形选区的调整。此时，圆形选区与足球完全重合。按 Ctrl+C 组合键，将圆形选区内足球图像复制到内存的剪贴板。

（7）单击"102 草地-合成.jpg"图像文件的标题栏，将其激活到前台显示。

（8）按 Ctrl+V 组合键，将剪贴板中的足球图像粘贴到当前文件中，此时在图层面板中"背景"图层上方，自动生成存储足球的"图层 1"，如图 8-1-4 所示。

图 8-1-3　调整选区控制框

图 8-1-4　将足球粘贴到草地素材文件中

（9）单击选择"图层 1"，然后按 Ctrl+T 组合键，激活足球的自由变换控制框。同时按住 Shift 键和 Alt 键，将鼠标指针移到控制框右下角的控制点，然后按住鼠标左键拖动该控制点，以中心点为参照，等比例放大或缩小足球。缩放足球到合适大小，使用"移动"工具将其移动到草地上相对清晰的区域，如图 8-1-5 所示。足球当前好像是悬浮在草地上。为了让足球和草地合成得更具真实感，需要对足球底部进行处理，实现足球底部区域嵌入草地的效果。

（10）在工具箱中，选择"橡皮擦"工具，并在工具选项栏中，设置画笔"大小"参数为 25 像素，"硬度"参数为 30%，如图 8-1-6 所示。

图 8-1-5　调整足球大小和位置

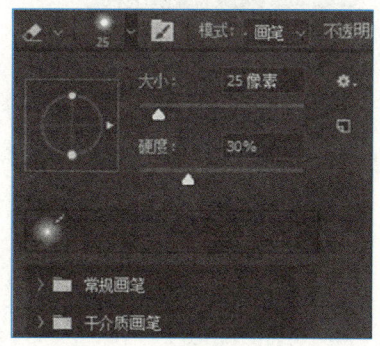

图 8-1-6　调整画笔大小和硬度参数

（11）使用橡皮擦工具，将足球底部进行适当的擦除，达到足球底部区域嵌入草地的视觉效果，如图 8-1-7 所示。

（12）为了让效果更加真实，可以给足球添加阴影效果。在图层面板中，单击选择"背景"图层，然后单击面板底部的"新建图层"按钮，在"背景"图层和"图层 1"之间新建一个"图层 2"。单击选择"图层 2"，使用椭圆选框工具沿水平方向拖动创建一个长扁的椭圆选区，如图 8-1-8 所示。

图 8-1-7　擦除足球底部的效果

图 8-1-8　创建足球阴影选区

（13）单击工具箱的前景色块，在弹出的"拾色器（前景色）"对话框中，设置为 RGB（50，50，50），然后按 Alt+Delete 组合键，将前景色填充到图层 2 的椭圆选区中，如图 8-1-9 所示。

（14）按 Ctrl+D 组合键，取消椭圆选区。打开"滤镜"菜单，选择"模糊"子菜单中的"高斯模糊"命令，在弹出的"高斯模糊"对话框中设置"半径"参数为 8 像素。

（15）在图层面板中，将"图层 2"的不透明度设置为 70%。微调"图层 2"中的阴影到合适位置，最终效果如图 8-1-10 所示。

图 8-1-9　在椭圆选区中填充前景色

图 8-1-10　合成足球和草地的最终效果

2．使用套索工具抠图，合成企鹅和冰川

（1）启动 Adobe Photoshop 2018，单击"文件"菜单，选择"打开"命令，在弹出的"打开"对话框中，进入"实验一素材"文件夹，选择"103 企鹅-抠图.jpg"和"104 冰川-合成.jpg"两个素材文件，然后单击对话框的"打开"按钮，在 Photoshop 的编辑区打开两个素材文件。

（2）单击"103 企鹅-抠图.jpg"图像文件的标题栏，将其激活到前台显示。

（3）在工具箱中，选择"套索工具组"中的"多边形套索工具"，可以在任何一只企鹅身体轮廓边缘单击鼠标确定绘制选区的起点，然后沿着企鹅身体轮廓的变化曲线不断单击鼠标确定选区形状，直到回到绘制起点闭合全区，并确保所有企鹅及其阴影都在选区内，如图 8-1-11 所示。如果在绘制过程中，出现选区提前闭合的情况，可以使用工具选项栏中的"添加到选区"和"从选区中减去"功能，调整选区到需要状态。

图 8-1-11　使用多边形套索工具创建的选区

（4）按 Ctrl+C 组合键，将选区内企鹅及其阴影复制到剪贴板。

（5）单击"104 冰川-合成.jpg"图像文件的标题栏，将其激活到前台显示。

（6）按 Ctrl+V 组合键，将剪贴板中的企鹅及其阴影图像粘贴到当前文件中，此时在图层面板中"背景"图层上方，自动生成存储企鹅及其阴影的"图层 1"，如图 8-1-12 所示。

图 8-1-12 将企鹅及其阴影图像粘贴到冰川素材文件中

（7）单击选择"图层 1"，然后按 Ctrl+T 组合键，激活企鹅及其阴影的自由变换控制框。按住 Shift 键，将鼠标指针移到控制框右下角的控制点，然后按住鼠标左键拖动该控制点，可以等比例放大或缩小企鹅及其阴影。根据冰川尺寸缩放企鹅及其阴影到合适大小，使用"移动"工具将其移动到冰川上合适的区域。

（8）企鹅大小和位置基本确定，但其阴影边缘需要使用橡皮擦进行微调。在工具箱中，选择"橡皮擦"工具，并在工具选项栏中，设置画笔"大小"参数为 15 像素，"硬度"参数为 100%。使用橡皮擦工具，在企鹅阴影边缘进行适当的擦除调整，最终效果如图 8-1-13 所示。

图 8-1-13 合成企鹅和冰川的最终效果

3. 使用魔棒工具抠图，合成宫殿和蓝天

（1）启动 Adobe Photoshop 2018，单击"文件"菜单，选择"打开"命令，在弹出的"打开"对话框中，进入"实验一素材"文件夹，选择"105 宫殿-抠图.jpg"和"106 蓝天-合成.jpg"两个素材文件，然后单击对话框的"打开"按钮，在 Photoshop 的编辑区中打开两个素材文件。

（2）单击"105 宫殿-抠图.jpg"图像文件的标题栏，将其激活到前台显示。

（3）在工具箱中，选择"魔棒工具组"中的"魔棒工具"。在工具选项栏中，设置"容差"参数值为 50，并选中"连续"复选框。

（4）使用"魔棒工具"在宫殿上方天空的任意位置单击，此时大部分天空被选中。如果存在未被选中的天空区域，可以通过设置工具选项栏中的"添加到选区"选项，然后使用"魔棒工具"在未被选中的天空区域附近单击一次或多次，即可把所有天空区域选中，如图 8-1-14 所示。

（5）当前"背景"层处于锁定状态，无法完成删除选区中天空的操作。可以双击"背景"层右侧的锁标记，将其转换为普通图层"图层 0"，然后按 Delete 键，即可完成删除选区中天空的操作，如图 8-1-15 所示。

图 8-1-14　创建天空选区　　　　　　　　　　图 8-1-15　删除选区中天空

（6）单击"106 蓝天-合成.jpg"图像文件的标题栏，将其激活到前台显示。

（7）按 Ctrl+A 组合键，激活蓝天素材"背景"层选区，如图 8-1-16 所示。按 Ctrl+C 组合键，将蓝天素材复制到剪贴板。

（8）单击"105 宫殿-抠图.jpg"图像文件的标题栏，将其激活到前台显示。

（9）按 Ctrl+V 组合键，将剪贴板中的蓝天素材粘贴到当前文件中，此时在图层面板中"背景"图层上方，自动生成存储蓝天的"图层 1"，如图 8-1-17 所示。

图 8-1-16　激活蓝天背景层选区　　　　　　　图 8-1-17　生成存储蓝天的图层

（10）单击选择"图层 1"，按 Ctrl+T 组合键，激活"图层 1"中蓝天素材的自由变换控制框，将鼠标指针移到控制框内，按住鼠标左键移动蓝天素材，将其左上角与当前图像左上角对齐，然后按住鼠标左键向右拖动右侧控制框中心控制点至当前图像右侧边缘，如图 8-1-18 所示。

（11）按 Enter 键确认本次自由变换调整结果。将存储蓝天素材的"图层 1"调整至"图层 0"的下方，最终效果如图 8-1-19 所示。

图 8-1-18　调整蓝天素材宽度

图 8-1-19　合成宫殿和蓝天的最终效果

4．使用"色彩范围"命令抠图，调整花朵颜色

（1）启动 Adobe Photoshop 2018，单击"文件"菜单，选择"打开"命令，在弹出的"打开"对话框中，进入"实验一素材"文件夹，选择"107 向阳花-调色.jpg"素材文件，然后单击对话框中的"打开"按钮，在 Photoshop 的编辑区中打开素材文件。

（2）打开"选择"菜单，单击"色彩范围"命令，弹出"色彩范围"对话框，如图 8-1-20 所示。当前鼠标指针变为"吸管"样式，使用"吸管"在黄色花瓣上单击，确定取样颜色。此时下方选择范围预览区会呈现白色的花瓣形状，随着向右拖动"颜色容差"滑块，下方选择范围预览区的白色花瓣会越来越清晰，"颜色容差"本次设置至 128。

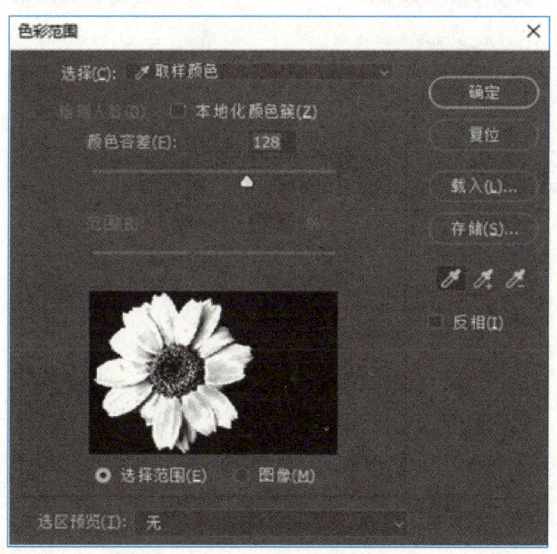

图 8-1-20　"色彩范围"对话框

（3）单击"色彩范围"对话框中的"确定"按钮，图像中会生成选区，如图 8-1-21 所示。

（4）选择"魔棒工具组"中的"快速选择工具"，同时设置工具选项栏中的"添加到选区"功能，然后使用"快速选择工具"将花朵中间的零散选区都添加到选区范围内，如图 8-1-22 所示。

图 8-1-21　生成选区　　　　　　　　　　　图 8-1-22　调整选区

（5）设置工具选项栏中的"从选区减去"功能，使用"快速选择工具"将花朵中心的花蕊部分从选区中去掉，如图 8-1-23 所示。

（6）打开"图像"菜单，选择"调整"子菜单中的"色相/饱和度"命令，弹出"色相/饱和度"对话框。在"色相/饱和度"对话框中，向左拖动"色相"滑块至-25，然后单击"确定"按钮，最终效果图如图 8-1-24 所示。

图 8-1-23　去掉花蕊选区　　　　　　　　　图 8-1-24　调整花朵颜色的最终效果

8.2　图像修复实验

一、实验目的

熟悉 Photoshop 常用图像修复工具，掌握 Photoshop 图像修复的方法和技巧。

二、实验要求

使用仿制图章工具，完成碎裂瓷砖的修复操作；使用修复画笔工具，完成地面裂缝的修复操作；使用修补工具，完成地板木纹结节的修复操作。

三、预备知识

本实验使用的 Photoshop 修复图像工具如下。

1．仿制图章工具

在使用仿制图章工具时，首先需要从图像中合适位置取样，然后再将样本应用到其他图像或同一图像的其他部分，实现图像修复效果。

2．修复画笔工具

修复画笔工具与仿制图章工具用法一样，首先从图像中取样，然后将样本应用到修复区域，并进行智能匹配，达到完美融入修复图像的目的。

3．修补工具

在使用修补工具时，先选择"源"选项，之后在待修复的图像区域创建选区，然后使用修补工具把"源"选项移动到用于修复的图像区域，释放鼠标就会自动完成修复操作。

四、注意事项

（1）使用仿制图章工具修复图像时，要注意取样位置的选择、画笔大小和硬度参数的设置、不透明度和流量的设置，以及对齐选项的使用。

（2）使用修复画笔工具修复图像时，要注意取样位置的选择、画笔大小和硬度参数的设置、不透明度和流量的设置。

（3）使用修补工具修复图像时，要注意修补选项的选择以及源和目标参数的设置。

五、实验步骤

1．使用仿制图章工具修复碎裂瓷砖

（1）启动 Adobe Photoshop 2018，单击"文件"菜单，选择"打开"命令，在弹出的"打开"文件对话框中，进入"实验二素材"文件夹，使用鼠标选择"201 瓷砖-仿制图章.jpg"素材文件，然后单击对话框的"打开"按钮，在 Photoshop 的编辑区打开素材文件，如图 8-2-1 所示。

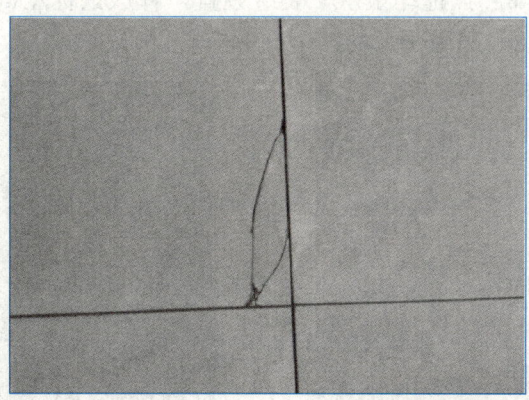

图 8-2-1 "201 瓷砖-仿制图章修复.jpg"素材文件

（2）在工具箱中，选择"套索工具组"中的"多边形套索工具"。使用"多边形套索工具"

创建"保护选区"，避免使用仿制图章工具修复瓷砖裂缝时影响周围的图像，如图 8-2-2 所示。

（3）在工具箱中，选择"图章工具组"中的"仿制图章工具"。设置"画笔大小"参数为 35，"硬度"参数为 80%，"不透明度"参数为 50%。

（4）按住 Alt 键，单击所创建"保护选区"内的中上部区域完成取样。然后按住鼠标左键，在瓷砖裂缝区域反复上下拖动进行修复，直到修复完成，参考效果如图 8-2-3 所示。

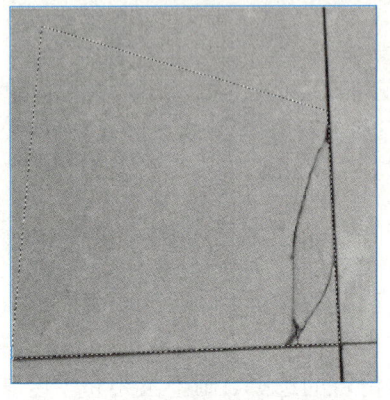

图 8-2-2　创建"保护选区"的效果　　　　　图 8-2-3　参考修复效果

2．使用修复画笔工具修复地面裂缝

（1）启动 Adobe Photoshop 2018，单击"文件"菜单，选择"打开"命令，在弹出的"打开"文件对话框中，进入"实验二素材"文件夹，使用鼠标选择"202 地面-修复画笔.jpg"素材文件，然后单击对话框的"打开"按钮，在 Photoshop 的编辑区打开素材文件，如图 8-2-4 所示。

（2）在工具箱中，选择"修复工具组"中的"修复画笔工具"。设置"画笔大小"参数为 50，"硬度"参数为 30%，"源"参数为取样。

（3）第 1 次取样及修复：按住 Alt 键，单击上半部分竖直裂缝顶部起点的左侧完成取样。按住鼠标左键，从裂缝顶部起点拖动至水平裂缝位置，释放鼠标左键即可完成上半部分竖直裂缝的修复，参考效果如图 8-2-5 所示。

图 8-2-4　"202 地面-修复画笔.jpg"素材文件　　　图 8-2-5　上半部分的竖直裂缝的参考修复效果

（4）第 2 次取样及修复：按住 Alt 键，单击下半部分竖直裂缝底部起点的左侧完成取样。按住鼠标左键，从裂缝底部起点拖动至水平裂缝位置，释放鼠标左键即可完成下半部分竖直裂缝的修复，参考效果如图 8-2-6 所示。

（5）第 3 次取样及修复：按住 Alt 键，单击水平裂缝左侧起点的上方完成取样。按住鼠标左键，从水平裂缝左侧起点拖动至水平裂缝右侧终点位置，释放鼠标左键即可完成水平裂缝的修复，参考效果如图 8-2-7 所示。

图 8-2-6　下半部分的竖直裂缝的参考修复效果　　　　图 8-2-7　水平裂缝的参考修复效果

3．使用修补工具修复地板结节

（1）启动 Adobe Photoshop 2018，单击"文件"菜单，选择"打开"命令，在弹出的"打开"文件对话框中，进入"实验二素材"文件夹，使用鼠标选择"203 地板-修补工具.jpg"素材文件，单击对话框的"打开"按钮，在 Photoshop 的编辑区打开素材文件，如图 8-2-8 所示。

（2）在工具箱中，选择"修复工具组"中的"修补工具"。设置"修补"参数为正常，并选择"源"参数。

（3）参考修补：使用"修补工具"在地板右侧竖直位置中间结节的外围创建修补选区，如图 8-2-9 所示。在选择"修补工具"的前提下，将鼠标指针移入选区内部，按住鼠标左键并将选区移动至左侧与原选区相切位置，释放鼠标左键完成本次修复，参考效果如图 8-2-10 所示。

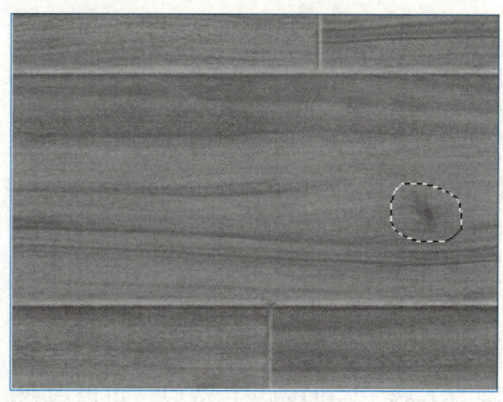

图 8-2-8　"203 地板-修补工具.jpg"素材文件　　　　图 8-2-9　创建修补选区

（4）后续修补：使用上一步的方法，依次在地板其他结节位置进行修补操作，最终"修补工具"修复的参考效果如图 8-2-11 所示。

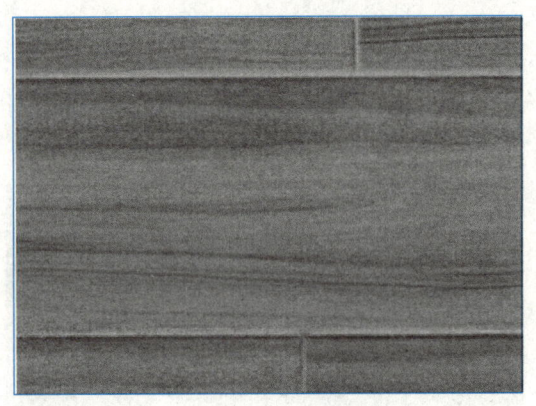

图 8-2-10　参考修补的修复效果　　　　　　　　图 8-2-11　最终修补的参考效果

8.3　图像调色实验

一、实验目的

熟悉 Photoshop 调色原理，掌握 Photoshop 调色的方法和技巧。

二、实验要求

使用 Photoshop 的色阶或曲线功能，解决图像偏色、曝光过度和曝光不足、光线朦胧模糊等问题。还可以配合调整色相/饱和度功能实现调色效果。

三、预备知识

色阶是表示图像亮度强弱的指数标准。在数字图像处理过程中，色阶是指灰度分辨率。图像的色彩丰满度和精细度是由色阶决定的。色阶指亮度，与颜色无关。可以通过"色阶"对话框调整图像的阴影、中间调和高光的强度级别，从而校正图像的色调范围和色彩平衡，如图 8-3-1 所示。

在输入色阶中，黑色滑块和白色滑块决定画面明度范围。黑色滑块代表黑场的标准，其左边都视为黑场。白色滑块代表白场的标准，其右边都视为白场。黑白滑块之间，代表画面的不同明暗层次。中间的灰色滑块，可以改变图像的整体明暗。

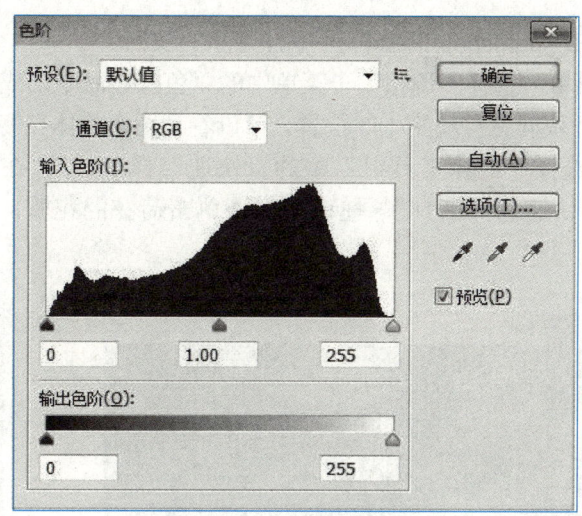

图 8-3-1　"色阶"对话框

明度范围从 0 到 255，共 256 个明度等级，所以原始的输入色阶，包含了全部明度等级。横轴显示当前图像的明暗分布，纵轴对应每个明度下的像素多少，从直方图可以看出图像的明暗效果。

因为黑色滑块左边都代表黑场，如果将黑色滑块向右移动，代表黑场范围扩大，缩小了明度范围，图像中的暗部就会增多。相反，白色滑块右边都代表白场，如果将白色滑块向左移动，代表白场范围扩大，图像中的亮部就会增多。例如，黑色滑块移动到 50 的位置，表示原来图像中明度为 50 及其更低的部分都会变为 0，即黑场。此时，黑色滑块就相当于一个划分黑场的标志，现在的明度范围就缩小为 50 到 255。同理，如果白色滑块移动到 220 的位置，表示原来图像中明度为 220 及其更高的部分都会变为 255，即白场。此时，白色滑块就相当于一个划分白场的标志，现在的明度范围就缩小为 0 到 220。

输出色阶的作用就是选择当前图像中，最黑的位置在哪，最白的位置在哪。输出色阶左边的滑块是纯黑色，右边的滑块是纯白色。如果将输出色阶设置为 10 到 250，表示图像中最黑的地方不能低于 10，图像中最白的地方不能超过 250。相当于通过输出色阶可以控制图像中最黑和最白的显示范围。

四、注意事项

（1）如果图像光线朦胧模糊，可以检查色阶直方图分布是否异常。

（2）如果图像偏色明显，也可以检查色阶直方图分布是否异常。

五、实验步骤

（1）启动 Adobe Photoshop 2018，单击"文件"菜单，选择"打开"命令，在弹出的"打开"对话框中，进入"实验三素材"文件夹，选择"荷花-调色 01.jpg"素材文件，然后单击对话框的"打开"按钮，在 Photoshop 的编辑区中打开素材文件。

（2）打开"图像"菜单，选择"调整"子菜单中的"色阶"命令，或按 Ctrl+L 组合键，弹出"色阶"对话框。将白色滑块向左移动到 150 位置，可以看到图像整体亮度提升，如图 8-3-2 所示。

（3）在工具箱中，选择"魔棒工具组"中的"快速选择工具"，在工具选项栏中单击"添加到选区"，然后使用"快速选择工具"，拖动或多次单击荷花的花瓣，为荷花创建选区，效果如图 8-3-3 所示。

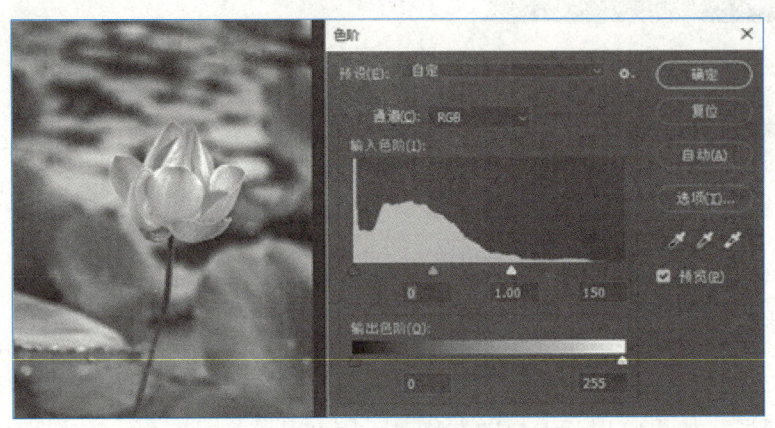
图 8-3-2　移动白色滑块后的效果

图 8-3-3　创建荷花选区

（4）打开"图像"菜单，选择"调整"子菜单中的"色相/饱和度"命令，或按 Ctrl+U 组合键，弹出"色相/饱和度"对话框。设置色相为-25，将荷花花瓣的颜色调整为粉色，饱和度为 5，提升花瓣的鲜艳程度，效果如图 8-3-4 和图 8-3-5 所示。

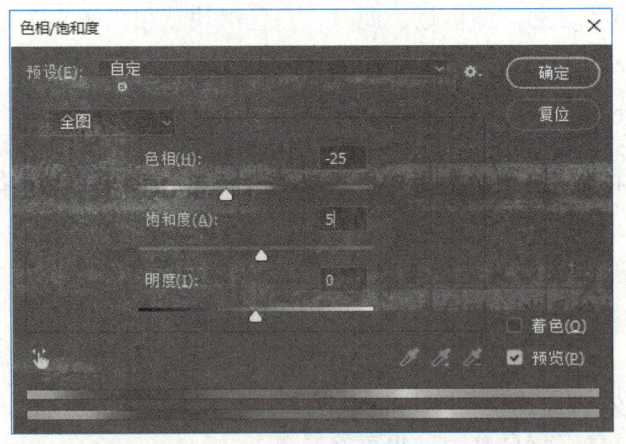
图 8-3-4　"色相/饱和度"对话框

图 8-3-5　最终调色效果

附 录

《大学计算机（第5版）》习题答案

第 1 章

一、填空题

1. ① 0 ② 1

2. 信息

3. ① 数值 ② 字符 ③ 图形 ④ 图像 ⑤ 声音 ⑥ 视频

4. ① 数码 ② 位权 ③ 基数

5. 基数

6. ① 3 ② 4

7. ASC II

8. ① 输入码 ② 机内码 ③ 字形码

9. ① 图像获取 ② 预处理 ③ 特征提取 ④ 识别分类 ⑤ 后处理

10. 文本信息

11. ① 在线识别 ② 离线识别

12. ① 采样 ② 量化 ③ 编码

13. ① 录像带 ② 线性 ③ 计算机 ④ 非线性

14. ① 本地影像视频 ② 网络影像视频

15. ① 云 ② 网 ③ 端

16. ① 无源被动 ② 有源主动

17. 电子商务

18. 电子政务

19. 大数据

20. 人工智能

21. ① 弱人工智能 ② 强人工智能

二、单选题

1. A 2. B 3. A 4. C 5. B 6. B 7. B 8. D 9. D 10. A
11. C 12. B 13. C 14. A 15. C 16. A 17. A 18. D 19. B 20. A

三、多选题

1. ABCDEF 2. ABC 3. ABCDE 4. BE 5. ABE 6. ADE 7. ABDE
8. ABCDE 9. ABCDE 10. ABCD 11. ACDE 12. BCDE 13. CDE

第 2 章

一、填空题

1. ① 1946 ② 4 ③ 中小规模集成电路 ④ 4 ⑤ 计算机硬件的基本结构 ⑥ 采用二进制数 ⑦ 存储程序控制

2. ① 1958 ② 慈云桂

3. ① 硬件系统 ② 软件系统 ③ 系统软件 ④ 应用软件 ⑤ 运算器 ⑥ 控制器 ⑦ 存储器 ⑧ 输入设备 ⑨ 输出设备 ⑩ 运算器 ⑪ 控制器 ⑫ CPU/中央处理器 ⑬ OS/操作系统

4. ① 通用寄存器组/GR ② 指令寄存器/IR ③ 程序计数器/PC ④ 指令译码器/ID ⑤ 操作控制器/OC ⑥ 指令寄存器/IR ⑦ 程序计数器/PC

5. ① 算术逻辑单元/ALU ② 累加器/A ③ 暂存寄存器/TSR ④ 标志寄存器/FR ⑤ 算术逻辑单元/ALU

6. ① 执行程序/执行指令 ② 分析 ③ 执行

7. ① 内存储器 ② 外存储器 ③ 8 ④ 1 024 ⑤ 存储/保存 ⑥ 快

8. ① 主控 ② 缓存 ③ 闪存 ④ 闪存

9. ① 一级 cache ② 虚拟内存

10. ① Alt+F4 ② Alt+Tab ③ CapsLock ④ Ctrl+空格 ⑤ Ctrl+Shift ⑥ Ctrl+Alt+Delete ⑦ Backspace ⑧ Del/Delete ⑨ Ins/Insert ⑩ Alt+Print Screen

11. ① 单击 ② 右击 ③ 双击 ④ 拖动鼠标/按住 Shift 键再单击 ⑤ 按住 Ctrl 键再单击

12. ① 显示器 ② 显示卡 ③ 屏幕尺寸 ④ 屏幕分辨率 ⑤ 颜色数 ⑥ 屏幕刷新频率/刷新频率 ⑦ 像素 ⑧ 水平像素数 ⑨ 垂直像素数 ⑩ 1073741824/10.7 亿

13. ① 显卡内存/显存 ② 随机

14. ① 针式 ② 喷墨 ③ 激光

15. ① 系统主板 ② 总线 ③ 芯片组 ④ SATA ⑤ M.2

16. ① SATA ② PCI-E/PCIe

17. ① 芯片内总线/CPU 内总线 ② 芯片间总线 ③ 系统总线/内总线/板级总线 ④ 系统外总线/通信总线/外总线 ⑤ 地址总线/AB ⑥ 数据总线/DB ⑦ 控制总线/CB ⑧ 总线宽度 ⑨ 总线频率/总线工作频率/总线时钟频率 ⑩ 总线带宽/总线传输速率 ⑪ 264

18. ① 41H ② 10H ③ 32H ④ 控制

19. ① 字长 ② 运算速度 ③ 主存储器 ④ 外(辅)存储器 ⑤ 硬件扩充能力 ⑥ CPU 频率 ⑦ 每秒执行指令条数/IPS

20. ① -11 ② 10000011 ③ 11111100 ④ 11111101

二、单选题

1. A 2. B 3. A 4. B 5. A 6. C 7. D 8. C 9. A 10. C

11. A 12. B 13. C 14. A 15. B 16. B 17. C 18. C 19. D 20. D

21. A 22. A 23. A 24. D 25. D 26. B 27. C 28. C 29. C 30. A

三、多选题

1. BD   2. AD   3. CE   4. AD   5. BDE   6. ABCE   7. ACE

8. BDE   9. AC   10. BD   11. BCE   12. BCDE   13. CDE   14. AB

15. BCE   16. ACE   17. BD   18. ADE   19. ABC   20. ACE

第 3 章

一、填空题

1. 对象

2. 跨平台

3. py

4. ① 交互模式　② 脚本模式

5. #

6. ① 顺序　② 选择　③ 循环　④ if　⑤ while　⑥ for

7. break

8. ① def　② return

9. ① import math　② sqrt

10. isfile

11. pip

二、单选题

1. C 2. B 3. A 4. D 5. D 6. B 7. A 8. B 9. A 10. A 11. A

三、多选题

1. ACDE 2. ACD 3. ABCDE 4. ABC 5. ADE

四、设计题

略

第 4 章

一、填空题

1. ① 相同特征　② 关联　③ 集合

2. ① 逻辑结构　② 存储结构/物理结构　③ 算法/操作方法

3. ① 集合/松散　② 线性　③ 树形　④ 图形/网状

4. ① 线性结构　② 非线性结构

5. ① 数据元素　② 前后件关系　③ 逻辑结构

6. ① 顺序　② 链式

7. ① 连续　② 邻接　③ 相邻

8. ① 数据域/值域　② 指针域/地址域　③ 指针

9. ① 逻辑结构　② 存储结构/物理结构

10. ① 可行性　② 确定性　③ 有穷性　④ 输入性　⑤ 输出性

11. ① 时间复杂度　② 空间复杂度

12. ① 同一端　② 栈顶　③ 栈底　④ 先进后出/后进先出

13. ① 两　② 队头　③ 队尾　④ 先进先出/后进后出

14. ① 首尾相连　② rear = front 且 flag=1　③ front = rear 且 flag=0

15. ① 非线性　② 分支　③ 层次

16. ① 0　② 1　③ 后件　④ 双亲/父　⑤ 叶节点　⑥ 度

17. ① 先序　② 中序　③ 后序

18. ① 根节点　② 左子树　③ 右子树

19. ① 左子树　② 根节点　③ 右子树

20. ① 左子树　② 右子树　③ 根节点

21. ① 顺序　② 数据元素排序

22. ① 3　② 1　③ 6　④ 3

23. ① 3　② 6　③ 6

24. ① 旧值　② 新值

25. ① 迭代　② 公式

26. ① 自身　② 递归

二、单选题

1. B　2. C　3. C　4. C　5. A　6. C　7. C　8. C　9. D　10. D　11. B
12. C　13. C　14. C　15. D　16. B　17. D　18. D　19. A　20. C　21. C
22. C　23. A　24. D

三、多选题

1. ABD　2. BE　3. ADE　4. ACE　5. ABCE　6. ACE　7. BCE　8. ABDE
9. BCDE　10. BDE　11. ABDE　12. DEC　13. CDB　14. BAC

四、设计题

略

第 5 章

一、填空题

1. ① 数据处理　② 文件（夹）　③ 数据库表　④ 表之间联系/关联/关系　⑤ 安全控制规则　⑥ 二维　⑦ 结构化　⑧ 有数据类型

2. ① 人工管理　② 文件系统　③ 数据库系统/DBS　④ 分布式数据库系统　⑤ 人工

管理 ⑥ 分布式数据库系统 ⑦ 人工管理 ⑧ 数据库系统/DBS

3. ① DBS ② 人员 ③ 数据库/DB ④ 软件 ⑤ 数据库/DB ⑥ 数据库/DB ⑦ 数据库管理系统/DBMS

4. ① 数据定义语言/DDL ② 数据操纵语言/DML ③ 数据查询语言/DQL

5. ① 操作 ② 不一致性/访问冲突 ③ 共享型锁 ④ 排他型锁

6. ① 信息/概念 ② 概念模型 ③ 实体 ④ 属性 ⑤ 数据模型 ⑥ 一行数据/一条记录 ⑦ 数据项/列/字段

7. ① 用户标识和密码认定 ② 用户分级授权 ③ 数据加密

8. ① 实体之间的联系/关联/关系 ② 一对一/一一对应 ③ 一对多/多对一 ④ 多对多 ⑤ 属性 ⑥ 属性的值

9. ① 层次/树形数据模型 ② 网状/图形数据模型 ③ 关系数据模型 ④ 面向对象数据型 ⑤ 两个 ⑥ 数据模型 ⑦ 网状/图形数据模型 ⑧ 层次/树形数据模型 ⑨ 实体型 ⑩ 一个实体/实体联系（关联/关系） ⑪ 同一字段/列/数据项的值 ⑫ 不同表的同含义字段/列/数据项

10. ① 矩形 ② 椭圆形 ③ 菱形

11. ① 二维表 ② 一个元组 ③ 一个实体 ④ 值域 ⑤ n 元关系/n 目关系

12. ① 结构 ② 数据类型 ③ 宽度/取值范围

13. ① 数据结构 ② 数据操作 ③ 数据完整性约束

14. ① 插入/增加 ② 删除 ③ 查询/检索 ④ 数据项投影 ⑤ 数据记录选择 ⑥ 表链接/连接 ⑦ 数据插入 ⑧ 数据删除

15. ① 域完整性 ② 实体完整性 ③ 参照完整性 ④ 用户定义完整性

16. ① 投影操作 ② 选择操作 ③ 联接操作 ④ Where 性别 = '1' ⑤ * ⑥ 1

17. ① 数据定义语言 ② 数据操纵语言 ③ 数据查询语言 ④ 数据控制语言 ⑤ 数据查询语言 ⑥ 数据定义语言 ⑦ 数据操纵语言

18. ① 2.5 ② 2 ③ 16 ④ 2 ⑤ 3 ⑥ 1949/10/6 ⑦ 1949/10/15 ⑧ 0(假) ⑨ −1 (真)

19. ① −1（真） ② 0（假） ③ −1（真） ④ −1（真） ⑤ 0（假）

20. ① Char(n)/Text(n) ② LongText/Memo ③ SmallInt/Short ④ Integer/Long ⑤ Single/Real ⑥ Date/Time/DateTime ⑦ Logical

21. ① 学生 ② Primary Key ③ Char(8)/Text(8) ④ Date/Time/DateTime ⑤ Char(1)/Text(1) ⑥ Byte ⑦ Memo/LongText ⑧ LongBinary ⑨ Logical

22. ① 实验学时=16 ② Like "*基础*" And 实验学时<16

23. ① 课程 ② 课程名 Is Null / Isnull(课程名)

24. ① Year(Date())−Year(出生日期)

② "周" & Iif(WeekDay(出生日期)=1,7,WeekDay(出生日期)−1)

③ Year(出生日期) Between 2000 And 2009

二、单选题

1. A 2. D 3. B 4. C 5. A 6. B 7. B 8. C 9. C 10. C 11. B 12. C
13. D 14. C 15. D 16. D 17. C 18. C 19. D 20. D

21. C 22. B 23. A 24. B 25. A 26. D 27. C 28. C 29. D 30. B
31. D 32. C 33. B 34. B 35. B 36. C 37. D 38. D

三、多选题

1. CD 2. BD 3. CE 4. BC 5. BCE 6. CE 7. BD 8. DF 9. AE
10. ACD 11. ACE 12. ADE 13. ABE 14. BD 15. AEF 16. CDE
17. ABEF 18. BE 19. BE 20. BC 21. BF 22. AC 23. ABDE 24. AD
25. BC 26. BE 27. AD 28. DE 29. ADF 30. ADE 31. CD 32. DE

第 6 章

一、填空题

1. ① 程序 ② 数据 ③ 文档 ④ 接口 ⑤ 逻辑 ⑥ 抽象 ⑦ 执行/运行 ⑧ 存储 ⑨ 执行

2. ① 机器 ② 计算机指令 ③ 计算机设计者 ④ 二进制数 ⑤ 操作码 ⑥ 操作数 ⑦ 指令系统

3. ① 源程序 ② 机器

4. ① 程序模块化 ② 模块内部结构化 ③ 可移植性好 ④ 顺序 ⑤ 分支/选择 ⑥ 循环/重复 ⑦ 调用

5. ① 对象 ② 属性 ③ 事件 ④ 方法 ⑤ 属性 ⑥ C++ ⑦ Delphi ⑧ Java

6. ① 指令/语句/命令 ② 运行 ③ exe ④ com ⑤ 编译 ⑥ 解释

7. ① 程序设计 ② 程序系统 ③ 软件工程 ④ 软件工程 ⑤ 软件开发技术 ⑥ 软件工程管理 ⑦ 供需矛盾 ⑧ 开发时间和成本失控 ⑨ 质量难以保障 ⑩ 维护困难

8. ① 方法 ② 工具 ③ 过程 ④ 抽象性 ⑤ 模块化 ⑥ 独立性 ⑦ 一致性 ⑧ 完整性 ⑨ 可验证性 ⑩ 信息隐藏性

9. ① 开发 ② 使用/运行 ③ 维护 ④ 可行性研究/计划/策划 ⑤ 需求分析 ⑥ 概要设计/结构设计/总体设计 ⑦ 详细设计 ⑧ 代码实现/程序设计 ⑨ 软件测试 ⑩ 使用（运行）与维护

10. ① 功能 ② 行为 ③ 性能 ④ 约束 ⑤ 获取资料 ⑥ 资料分析 ⑦ 形成需求规格说明书 ⑧ 需求评审 ⑨ 需求规格说明书

11. ① 结构 ② 总体 ③ 数据结构 ④ 软件结构 ⑤ 概要文档 ⑥ 算法 ⑦ 数据结构 ⑧ 调用 ⑨ 数据传输

12. ① 单元测试 ② 集成测试 ③ 确认测试 ④ 系统测试 ⑤ 静态测试 ⑥ 动态测试 ⑦ 白盒测试 ⑧ 黑盒测试

二、单选题

1. A 2. B 3. D 4. C 5. D 6. B 7. C 8. B 9. D 10. D 11. A
12. B 13. B 14. D 15. A 16. C 17. A 18. D 19. C 20. B 21. D
22. B

三、多选题

1. BC   2. ABD 3. ACD   4. BE 5. CE 6. AC 7. ABE 8. AF 9. BCE
10. BCE 11. BE   12. CD   13. AC 14. BDE 15. BCD 16. ACE 17. AD
18. BCDE 19. ABCD 20. AB

第 7 章

一、填空题

1. ① 音频   ② 视频   ③ 媒体库

2. ① 静态媒体信息   ② 动态媒体信息   ③ 静态媒体信息   ④ 动态媒体信息

3. ① 一体化/融合   ② 逻辑关系   ③ 处理/加工   ④ 存储   ⑤ 传输   ⑥ 重现/播放
⑦ 交互   ⑧ 存储   ⑨ 传输   ⑩ 多样性   ⑪ 集成性   ⑫ 交互性   ⑬ 实时性   ⑭ 数字化

4. ① 模拟/连续   ② 数字/离散   ③ 模/数或A/D   ④ 采样/取样   ⑤ 量化   ⑥ 编码
⑦ 压缩   ⑧ 解压缩   ⑨ 数/模或 D/A

5. ① 2   ② 好   ③ 大   ④ 编码字长/采样解析度   ⑤ 好   ⑥ 大   ⑦ 100

6. ① 像素   ② 位图/像素点阵   ③ 像素点   ④ 色彩/颜色   ⑤ 分辨率   ⑥ 编码字长/
颜色深度   ⑦ 强   ⑧ 高   ⑨ 大   ⑩ 450

7. ① RGB 模型   ② HSL 模型   ③ CMYK 模型   ④ CMYK 模型

8. ① 矢量图   ② 计算机软件   ③ 像素点   ④ 程序/矢量/指令

9. ① 12   ② 无损耗地无限次复制和快速传播   ③ 115 400   ④ 压缩

10. ① 帧动画   ② 矢量动画   ③ 静态图形或图像/帧

二、单选题

1. B 2. C 3. B 4. C 5. C 6. C 7. A 8. B 9. B 10. D

三、多选题

1. ABDF 2. AD 3. ABCE 4. ABCDE 5. ABE 6. ACE 7. AD

第 8 章

一、填空题

1. ① 计算机   ② 通信设备   ③ 传输线路   ④ 网络软件   ⑤ 资源共享

2. ① 通信   ② 资源   ③ 资源   ④ 通信

3. ① 通信协议   ② 语法   ③ 语义   ④ 时序

4. ① 物理连接   ② 协议   ③ 选择路径   ④ 过滤数据   ⑤ 12   ⑥ 制造商

5. ① TCP/IP   ② 客户机/服务器或 Client/Server   ③ IP 地址   ④ 域名   ⑤ 获取网络 IP
地址   ⑥ 分割网络   ⑦ 超文本传输协议   ⑧ book.com   ⑨ book   ⑩ 美国

6. ① 128   ② 标识符   ③ 接口

7. ① 4   ② 冒号/:

8. ① 3　② 255.255.255.224　③ 30

9. ① 254　② 0

10. 超链接

11. ① IP　② 子网掩码　③ 网关

12. ① C　② B

13. ① 119.147.156.108　② 53

14. ① IP 地址　② 子网掩码

15. ① 网络技术　② 数学

16. ① 硬件　② 破坏　③ 更改

17. ① 被动攻击　② 主动攻击

18. ① CA　② 公钥

19. ① 信息加密　② 用户认证　③ 数字签名　④ 信息加密

20. ① 非对称　② 慢　③ 私

21. ① NTFS　② 原用户　③ 解密密钥

22. ① 身份认证　② 保证信息完整

23. ① 私钥　② 用户 A　③ 公钥

24. ① 数字证书　② 备份证书

25. ① 公钥　② 私钥

26. ① 机密　② 完整　③ 可用

27. ① 可靠性　② 不可抵赖性

28. ① 删除　② 篡改

29. ① 明文　② 密文

30. ① 密钥　② 解密

二、单选题

1. C　2. B　3. C　4. B　5. B　6. C　7. C　8. C　9. D　10. A　11. D　12. B
13. A　14. B　15. C　16. D　17. C　18. A　19. A　20. B　21. B　22. D　23. C
24. B　25. A　26. C　27. A　28. D　29. C　30. A　31. C　32. B　33. D　34. A
35. A　36. B　37. B　38. B　39. A　40. B　41. C　42. D　43. B

三、多选题

1. BC　2. CE　3. AB　4. ABD　5. BC　6. AE　7. ① AD ② CF ③ ABDE　8. BD
9. AB　10. ABDE　11. ABC　12. AC　13. BDE　14. AE　15. DE　16. ABCE
17. AD　18. ABCDE

第 9 章

一、填空题

1. ① 符号主义　② 连接主义　③ 行为主义

2. 测试机器是否具有智能

3. 达特茅斯会议

4. ① 弱人工智能　② 强人工智能

5. ① 通用性知识图谱　② 专业知识图谱

6. ① 输入层　② 隐藏层　③ 输出层

7. ① 图像分类　② 目标检测　③ 图像分割　④ 图像生成

8. ① 安全　② 隐私　③ 伦理

二、单选题

1. A　2. B　3. D　4. A　5. D　6. A　7. A　8. C

三、多选题

1. ABC　2. ABC　3. ABCD　4. ABCD

读者意见反馈

为收集对教材的意见建议，进一步完善教材编写并做好服务工作，读者可将对本教材的意见建议通过如下渠道反馈至我社。

咨询电话 400-810-0598

反馈邮箱 gjdzfwb@pub.hep.cn

通信地址 北京市朝阳区惠新东街 4 号富盛大厦 1 座　高等教育出版社总编辑办公室

邮政编码 100029

防伪查询说明

用户购书后刮开封底防伪涂层，使用手机微信等软件扫描二维码，会跳转至防伪查询网页，获得所购图书详细信息。

防伪客服电话 （010）58582300